反惯性
ANTI-INERTIA

蔡万刚　编著

THINKING
思维

中国纺织出版社有限公司

内容提要

日常生活中，很多人都有惯性思维，惯性的作用是无形的，这也是惯性强大的原因。在本书中，我们分析和阐述了反惯性思维，既让人意识到惯性思维的存在，也让人能有意识地突破惯性思维的束缚和局限。

本书以心理学知识为基础，结合现实生活中惯性思维的具体表现，深入地进行分析和阐述。只有意识到问题的存在，我们才能有的放矢地解决问题，对惯性思维，也是如此。在阅读本书之后，我们会慢慢熟悉惯性思维，也会察觉到惯性思维在生活中的表现，从而有效做出改变，形成更好的思维模式。

图书在版编目（CIP）数据

反惯性思维 / 蔡万刚编著.––北京：中国纺织出版社有限公司，2024.5
　　ISBN 978-7-5229-1493-0

Ⅰ.①反… Ⅱ.①蔡… Ⅲ.①习惯性—思维 Ⅳ.①B804

中国国家版本馆CIP数据核字（2024）第043795号

责任编辑：柳华君　　责任校对：高　涵　　责任印制：储志伟

中国纺织出版社有限公司出版发行
地址：北京市朝阳区百子湾东里A407号楼　邮政编码：100124
销售电话：010—67004422　传真：010—87155801
http://www.c-textilep.com
中国纺织出版社天猫旗舰店
官方微博 http://weibo.com/2119887771
天津千鹤文化传播有限公司印刷　各地新华书店经销
2024年5月第1版第1次印刷
开本：880×1230　1/32　印张：6.5
字数：105千字　定价：49.80元

凡购本书，如有缺页、倒页、脱页，由本社图书营销中心调换

前言

现实生活中,每个人都有惯性思维。对不同的人而言,惯性思维所发挥的作用是不同的。惯性具有一个很可怕的特性,即在不知不觉间发挥作用,所以很多人都会因为受到惯性的驱使,而在不经意间做出某些行为和举止,直到这些行为和举止引发了严重后果,当事人才会有所察觉。那么,如何才能预先知道惯性思维即将发挥作用,并有意识地提前做好准备,突破惯性的束缚呢?本书给出了很好的答案,也给出了切实可行的建议。

有一个聋哑人去五金店购买钉子。因为听不到店员在说什么,也不能说话,他只好握紧一只手充当锤子,又把另一只手的一根手指竖直起来充当钉子,再做出用锤子钉钉子的动作。看到聋哑人的动作,店员马上领会了他的意思,拿来了一把锤子。聋哑人着急地摇摇头,店员恍然大悟,又拿来了钉子,聋哑人露出了开心的笑容。后来,有一位盲人来买剪刀,他会怎么做呢?

◯ 反惯性思维

陷入惯性思维的人马上会沾沾自喜地以一只手的两根手指做出剪东西的动作，说不定还会夸赞自己真聪明呢！他们丝毫没有意识到自己已经进入了惯性思维的怪圈。如果能够摆脱惯性思维，那么他们很容易就能想到正确答案：盲人的眼睛虽然失明了，但是嘴巴却可以发出声音，耳朵也能听到声音，所以完全可以正常与店员进行交流。看到这个答案，你是否会为自己的自作聪明而感到尴尬和难堪呢？由此可以再次证明，惯性思维渗透在日常的思考中，我们不经意间就会受到其影响，遵循着固有的经验和常识，不假思索地给出回答。

对上述事例中的问题，幼儿园的孩子很有可能会给出正确回答，但研究生甚至是博士生却很有可能给出错误回答。这意味着拥有的人生经验越多，解决问题的思维模式可能会越固定，惯性思维的作用力也就越强大，令我们很难意识到惯性思维的存在，也不能有针对性地突破惯性思维的局限。

不可否认的是，惯性思维也有很多好处。从本质上来说，惯性思维是人们在长期生活和工作的过程中积累的宝贵经验，以及形成的处理问题的高效模式。在适用的情形中，惯性思维能够帮助我们做出直接的反应，既节省时间，也节省力气。然而，惯性思维是固定模式，在面对突发状况或从未遇到过的问题时，难免会引导我们进入死胡同，不能意识到自身思维的禁锢。对全新的问题或者是不常见的问题，惯性思维也会使我们走弯路。随着人生阅历的丰富和人生经验的增加，惯性思维还会使我们的行为更加模式化和固定化。

我们要有意识地打破惯性思维造成的阻碍。惯性思维最大的缺陷就是缺乏应变性，思维僵化教条。在惯性的作用下，人们会直接采用过去的经验，认定所有的事情都与此前遇到的一样，并没有太大的改变，所以依然照搬和套用此前的经验解决问题。这种先入为主的观念，使人们不愿意进行全新的思考，也就缺乏创造性。

每个人都要通过训练提升思维模式，这样才能以发展和创新的眼光看待问题。否则就会陷入惯性思维的陷阱之中，被旧有的观念束缚，被传统的常识牵着鼻子走，而忽略了视野之外还有更辽阔的天地。英国科学家贝尔纳曾经说过，在创新的道路上，已知的东西才是最大的障碍，未知的东西反而有可能成为强大的推动力。在地球上，人类自从诞生起就在发展和进步，恰恰是因为对地球处于未知状态，才有动力坚持不懈地研究和探索。

简而言之，突破惯性思维，就要做到学会提问，坚持问"为什么"，也致力于解决问题。在有了一种解决问题的方法之后，依然要不知满足，继续钻研和探索，试图找出更好的方

○ 反惯性思维

法。由此一来，我们就能建立具有创新性的思维模式，也能让自己在解决问题和学习知识的过程中进入良性循环！

编著者

2023年11月

目录

第 01 章 | 突破主观框架，坚持高效思考　▶ ▶ 001

钱不是万能的　003

家庭第一，工作第二　009

掌控欲望，不为追名逐利所累　015

拿得起，也要放得下　021

领悟幸福的真谛　026

第 02 章 | 突破情境控制，坚持自我思考　▶ ▶ 031

不要让无意识控制自己　033

谁说优秀者一定是成功者　037

不要被因果关系误导　041

改变，是永远不变的　046

想一想自己为何拒绝改变　051

不容忽视的默认选项　056

音乐与酒的秘密　061

关注周围的环境　　　　　　　　　　　066

第 03 章 | 突破思维定式，坚持创新思考　▶▶ 071

独辟蹊径，想他人所未想　　　　　　073
不要把思考变得更复杂　　　　　　　080
让头脑学会拐弯　　　　　　　　　　085
收纳与整理的创新思维　　　　　　　089
坚持进行创造性思考　　　　　　　　094

第 04 章 | 突破从众心理，坚持独特思考　▶▶ 099

不理性的群体助长自负心理　　　　　101
焦虑的人更容易冲动　　　　　　　　106
坚持批判性思维　　　　　　　　　　112
逆向思考，有助于正确决策　　　　　117
摆脱羊群效应　　　　　　　　　　　120

第 05 章 | 突破本能惰性，坚持勤奋思考　▶▶ 125

坚持反向推演，筛选海量信息　　　　127

无知者无畏	132
以发散性思维，进行开放式思考	137
学会提出问题	142
尽信书则不如无书	146

第 06 章 突破思维依赖，坚持独立思考

▶▶ **151**

没有人是绝对正确的	153
突破常规，才能独立思考	158
学会拒绝	163
授人以鱼不如授人以渔	169
思维也需要独立	173

第 07 章 突破常识禁锢，坚持辩证思考

▶▶ **179**

非此即彼是陷阱	181
做事要学会随机应变	185
多想想，就会发现破绽	189
认真倾听反对者的观点	192

参考文献　　　　　　　　　　　　　　　**196**

第01章

突破主观框架，
坚持高效思考

现代社会中，人们前赴后继地做加法，不顾一切地追逐人生目标。对他们而言，人生唯一的道路就是前进，他们的字典里甚至没有后退二字。然而，在不断奔波和辛苦忙碌的过程中，人们渐渐地忘却了初心，迷失了前进的方向。对每个人而言，世界上唯一能困住自己的只有自己。唯有突破主观框架，坚持高效思考，人生才会更有效率。

钱不是万能的

有人说人生如戏，有人说戏如人生。人生与戏之间，到底谁是谁，究竟谁成全了谁，我们不能妄下定论。选择以怎样的态度面对人生，是每个人的自由，哪怕有人把人生视为一场游戏，其他人也不能够横加干涉。即便如此，我们依然要以慎重的态度对待人生，因为我们怎样度过生命的每一天，最终将会决定我们拥有怎样的人生。

常言道，钱不是万能的，但没有钱却是万万不能的。在农村生活，还有自己的一亩三分地，就可以保证有粮食吃，不会饿肚子，而在城市里生活的压力就大多了。在繁华的大都市里，每天不管做什么事情都需要支付金钱，哪怕只是喝一口水，也需要付水费。正是因为如此，才会有人说在大城市里生活，没有钱必然寸步难行。这也加重了城市内卷的程度，几乎每一个在城市里奋斗和打拼的人，每天不管是早上一睁开眼还是晚上困倦地闭上眼睛，心里想的始终是如何赚更多的钱。

钱虽然如此重要，却不是万能的。钱能买来房子，却买不来家；钱能买来床，却买不来睡眠；钱能买来关系，却买不来真情；钱能买来药物，却买不来健康；钱能买来食物，却买不来好胃口……总之，钱能买来很多东西，也买不来很多东西。我们在面对金钱时一定要端正态度，既认识到钱对生活的不可或缺，也要认识到赚钱绝非人生奋斗的唯一目的。很多人在没钱的时候为赚钱而苦恼，误以为只要有钱就能解决所有问题，等到真正有钱了才发现钱并非自己想象中那样无所不能，很多情况下，哪怕付出很多钱，也无法解决困扰自己的问题。

每个人都应该深入思考金钱的意义，也应该追求人生的价值。如果心里只有赚钱这件事情，眼里也只盯着赚钱这件事情，那么人生就会只剩下一条越来越窄的道路。只有脱离赚钱的人生怪圈，才能打开人生的思路，让人生拥有更宽阔的道路，也让自己的世界从此天大地大、无拘无束。

要想理性对待金钱，我们就必须明确人生的意义。人生的终极意义是获得幸福，有些人一心一意想着赚钱，也是因为他们误以为有钱就能幸福。当发现即使有钱也不能如愿以偿地获得幸福，或者提升幸福指数时，他们就会感到压抑、迷茫，会觉得人生失去了意义和方向。无数事实告诉我们，金钱与幸福之间并没有必然的联系，也不是呈正比例增长的。有些人很有钱，内心却很空虚，家庭破碎，人生毫无幸福感可言；有些人粗茶淡饭，与家人清贫相守，却因为夫妻相爱、与孩子和谐相处而倍感幸福。归根结底，幸福是不能用客观标准加以精确衡量的，只是人内心的感受而已。一个人只要觉得幸福，就会以苦为乐；一个人如果觉得不幸，目之所及就全是黯淡。可见，幸福是一种纯粹的感受，是每个人对自己当下生活是否感到满意的反馈。

安然和丈夫刘军从大学毕业后就去了北京，生活了十年，他们已经习惯了北京快节奏的生活模式。直到孩子要上小学，遇到了意料之外的困难，他们才恍然大悟：北京再好，终究不是家。一直漂泊的他们这才开始思考去留问题，最终达成共识："在北京这么多年，虽然赚得不少，但是所剩不多，迄今为止连房子的首付款都没有攒够。与其让孩子和我们继续当北漂，不如回家乡买套房子，给孩子落好户口，让孩子上一所好学校。"

就这样，安然和刘军回到了家乡。他们的家乡在县城，但是他们选择在市区安家落户。思虑再三，他们决定一步到位，用在北京奋斗这么多年的积蓄付首付，买一套大三居。虽然家乡的薪资水平比北京低，但是有了自己的房子，过着安稳的日子，安然感到特别满足。最重要的是，家的附近就有幼儿园、小学、初中和高中，从家到单位骑电动车只需要十分钟。这意味着每天都可以节省很多时间，安然每天下班之后都可以从容地给一家三口准备丰盛的晚餐，再也不用以外卖对付了。经过一段时间的规律作息和饮食调理之后，困扰刘军多年的脂肪肝好了，安然整个人的身心状态也越来越好，不再焦虑抑郁，而变得从容安逸。

有一次，远在北京的朋友和安然通话，询问起安然对现在生活的感受，安然毫不迟疑地说："幸福，满足。"朋友有些不相信，安然耐心地解释道："比起匆匆忙忙的北漂生活，我觉得现在的生活才是我想要的，幸福的感受是不会骗人的。"安然甚至劝说朋友也回到家乡，用宝贵的青春为踏踏实实的美好未来而继续奋斗。

对生活，不同的人有不同的选择。很多人憧憬着大城市，渴望去大城市生活，有些人却一心一意只想回到家乡，过安逸、稳定的生活，更加专注、投入地享受家庭的温馨和舒适。不管他人选择哪种方式生活，我们都无权干涉和指责，但是我们可以问问自己：我真的幸福吗？如果拥有当下的一切不能使我们幸福，反而让我们感到惶恐不安，那么即使生活在大城市又有什么值得炫耀的呢？人生如同白驹过隙，时间匆匆而过，我们要遵从自己的内心，满足自己对人生的渴望和憧憬。

很多年轻人都有惯性思维，不假思索地认定自己要想尽一切办法去大城市，争取留在大城市，却没有问过自己大城市的生活是否真的是自己想要的。在很多国际化大都市，那些光鲜亮丽的白领每天行色匆匆地穿梭于公交车站、地铁站，或者是自驾车在拥挤的道路上艰难地前行，既没有时间享受生活，也没有时间享受工作。他们完全颠倒了生活与工作的关系，认为生活的唯一就是工作，而遗忘了工作只是生活的一个方面，只是提升生活质量的必要手段。这样本末倒置，使得他们不能摆正工作与生活的关系，也迷失在了快节奏的都市生活中。

在经济学领域，很多人都知道狄德罗效应。狄德罗效应源于法国哲学家丹尼斯·狄德罗的亲身经历。一个偶然的机会，狄德罗得到了一件质地优良、重工精制的睡袍。他喜不自胜地穿上崭新的睡袍，却突然发现家里的所有东西都与睡袍很不相称，不管是家具还是地毯，甚至连空气都格格不入。为此，他换掉了家里所有的家具用品，却依然觉得不满足。在饱受内心折磨的过程中，狄德罗最终恍然大悟，这件睡袍胁迫了他。

很多人都有这样的心理，即在拥有一件优质的新物品之后，就会觉得其他陈旧的物品完全配不上这件新物品，因而无

○ 反惯性思维

法按捺自己想要更换一切物品的冲动,仿佛唯有把所有物品都换成新的,才能实现心理平衡。在心理学领域,鸟笼效应也揭示了类似的道理。

家庭第一，工作第二

现代社会中，大多数人都热衷于做加法，因为加法是得到的过程，能够帮助他们获得物质方面的满足。与此相对的是，大多数人都拒绝做减法，因为减法是舍弃和失去，使他们感到极其不满和不安。大家都以赚钱为人生的奋斗目标，都以发展事业为自己的人生理想，都以不断前进为人生的唯一状态。这样的生存状态未必是错误的，前提是我们需要调整思路，不要认为有钱是获得幸福的唯一条件。其实，有钱的人能够获得幸福，没钱的人也能够获得幸福，尽管有钱人的快乐和穷人的快乐不同，但是幸福的感受却是相同的。举例而言，在寒冷的冬日里，一个乞丐衣衫褴褛，饥肠辘辘，这时有人给了他一大碗热粥。我们不妨想一想：他幸福吗？可以说，对此时此刻的乞丐而言，没有什么比这碗热粥能够给予他更大的幸福感了。在乞丐捧着这碗热粥无比满足时，一个亿万富豪在这几分钟的时间内就赚了很多钱。和乞丐相比，富豪无疑是富有的，从来不需要为吃饱穿暖发愁，甚至还要为如何花掉那么多钱而发愁呢。那么，富豪赚了更多的钱会感到幸福吗？当然，富豪也会感到幸福，因为人对金钱的追求是无止境的。但是，如果把乞丐的幸福和富豪的幸福放在一起比较，我们就会发现，得到一碗热粥的乞丐的幸福指数远远高于得到一大笔钱的富豪的幸福指数。

命运是无常的，还总喜欢捉弄人。大富豪有可能在一夜之间破产，乞丐也有可能一夜暴富。面对人生，我们要有从容的心境，做到随遇而安。这里的随遇而安并非不思进取的意思，而指的是在有钱时享受有钱的幸福，在没钱时享受没钱的平静；在有机会时不顾一切地抓住机会努力奋进，在没有机会时也能够怀着从容的心态过好当下的每一天。所谓进退有度，方得从容，这也是人生的至高境界——宠辱不惊。

有些人会不切实际，总是追求那些虚无缥缈的东西，对自己拥有的东西却漫不经心，不以为意。还有些人会把幸福寄托在遥远的未来，而对当下的点点滴滴都采取无视的态度。不得不说，这样的人生态度是错误的，因为一个无视当下，一心一意只期望未来的人不可能在现实生活中感到满足，更不可能以珍惜现实生活的方式感到幸福。

幸福从来不是瞻前顾后，更不是索求无度。幸福是懂得知足，懂得感恩，懂得珍惜现在拥有的生活，懂得珍惜分毫的快乐。世界如此繁华，生活每时每刻都在发生变化，尤其是在充斥着物质欲望的环境里，一个人要想做到减少欲望显然很难。其实，欲望的存在是合理的，本性使然，人人都有欲望。我们应该满足自身的合理欲望，而不要不加区分地抑制所有欲望。从积极的角度看，欲望能够激励人努力奋进，为拥有自己想要的生活而不懈进取；从消极的角度看，过度的欲望使人成为欲望的奴隶，也有可能为了满足自己的欲望而做出逾越规矩和违背道德的事情。正所谓凡事皆有度，过度犹不及。既然欲望无时不在，无处不在，我们就不要回避欲望的存在，而要正视欲望，也要适时适度地满足欲望。唯有明确自己可以拥有什么，不能奢望什么，我们才能真正获得幸福。现代社会中，很多职场人士恨不得把所有的时间和精力都用于工作，无形中就会忽略关爱自己，也忽略了对家人的陪伴和对家庭的经营。不得不说，这是本末倒置的。工作的目的是更好地生活，生活绝非只有工作这一件事情可干。当生活只剩下工作，就会变得枯燥乏味，使人丧失兴趣。很多职场人士为了买豪宅豪车而废寝忘食地工作，在遭到家人指责和抱怨时，却感到很委屈。工作是永远做不完的，但是孩子成长的过程是不可逆转的，父母老去的速度更是越来越快的。如果没有了安稳幸福的家，我们工作的意义又何在呢？每一个拥有充实人生的

○ 反惯性思维

人,都是因为理清了工作与生活的关系,才能很好地平衡工作与生活。

阿杰是个不折不扣的工作狂,不出差的日子总是加班,一旦出差就离开家很长时间。对自己的生活状态,他也自嘲说与飞机结下了不解之缘,不是在坐飞机,就是正在赶去坐飞机,两趟飞机的间隙,他一定是在客户的会议室里。

忙碌的工作使阿杰没有时间陪伴家人,妻子常常孤枕难眠,孩子更是接连很多天都看不到父亲,甚至快忘记了父亲的模样。年年都作为优秀员工而拿到高额奖金的阿杰今年却再也笑不出来了,因为他的妻子选择离他而去。此前,尽管妻子经常抱怨,阿杰却总是以要给家人更好的生活为由,对妻子不闻不问。现在,妻子终于下定决心带着孩子离开他,他才猛然感觉到,自己之前的所有努力和付出都毫无意义了。阿杰很后悔,几次三番请求妻子复婚,妻子都拒绝了。妻子说:"人生这么短,我不想每天晚上都在冰冷的被窝里入眠。"阿杰想争取得到孩子的抚养权,六岁的孩子却对他说:"爸爸,我不想跟你一起生活,因为我独自留在家里肯定会害怕的。"就这样,阿杰变成了孤家寡人。后来,他痛定思痛,经常抽出时间陪伴孩子,也借着陪伴孩子的名义接近妻子,试图和妻子重修旧好。过了好几年，妻子才相信阿杰真的转变了，因而再次接纳了阿杰。

颠倒了生活和工作的阿杰失去了自己的家，才真正体会和感受到孤独的滋味，也才能理解妻子尽管有家，却总是孤独守着孩子的滋味。幸好他幡然悔悟，及时调整了自己的人生状态，不但当好了员工，也当好了优秀的丈夫和爸爸。

作为职场人，不管担任着怎样的职务，千万不要把工作当成自己的爱人。任何人都要以家庭为根本，家庭是每个人的港湾。很多职场人士误以为工作离开了自己就无法运转，其实只是自己想多了，地球离开任何人都能转，工作也是如此。比起工作，家庭才是更加重要和不可或缺的。

我们是活生生的人，不是24小时连轴转的机器，不可能不知道疲倦和辛苦。撇开家庭不谈，我们也要爱惜自己的身体，做到张弛有度，才能可持续发展。当然，这并不意味着我们可以对待工作三心二意，敷衍了事。任何人只有努力工作，才能获得更高的职位和更多的薪水，也才能提升自己与家人的生活质量。所以，我们要实现家庭与工作的平衡。兼顾这二者尽管很难，但并非完全无法做到。有了稳定的家庭生活作为后盾，我们才能没有后顾之忧，也才能全力以赴投入

◯ 反惯性思维

工作。

　　为了让家庭与工作保持良好的关系，我们要划清这两者的界限。有些人的工作压力太大，回到家里依然愁眉不展，或者焦虑暴躁，把工作的烦恼倾倒在家里，给家人带来困扰，这是不应该的。正确的做法应该是，工作的时候专注工作，回到家中彻底放下工作，把还没有解决的问题留给下一个工作日。明确的界限，是保证家庭与工作两不耽误的必要前提。此外，还要学会放下手机。现代社会随着手机和网络的普及，使得很多人在下班之后依然借助手机联络业务，继续工作。其实，盯着手机陪伴家人还不如不陪伴，因为这样心不在焉会更加严重地伤害家人的感情。要想成为职场达人，同时拥有幸福美满的家庭，我们从现在开始就要学会统筹安排时间，合理高效地利用时间。对工作，要拒绝拖延，要拒绝分心分神；对家庭，要做到专注用心。放下手机吧，还给家人一个专注的你，你的家人一定会非常开心和幸福。

掌控欲望，不为追名逐利所累

人人都有欲望，人人都应该学会掌控欲望。如果放纵欲望，任由欲望驱使，既不会对现实感到满意，也容易做出很多不符合法律和道德的事情，那么欲望就会越来越多，最终变成无底深渊，将我们吞没。人总是对当下欲求不满，又总是对未来贪心不足，这使人远离了快乐，感受不到幸福。一个人既要不贪婪，又要懂得满足，才能与快乐常相伴。否则，在花花世界里看到任何东西都想拥有，看到任何人过得比自己好都想追赶，就会变得贪婪无度，如坠深渊。

能够掌控欲望的人对金钱有知足之心，知道钱不是万能的，也能够合理调配金钱为自己所用；能够掌控欲望的人没有非分之想，不管做什么事情都会从自身的实际情况考量，再进行判断；能够掌控欲望的人不会对自己有过高的期望，能够理性客观地认知自己，也能发挥自身的能力，亲手创造属于自己的幸福生活。反之，一个人如果被欲望驱使，成为欲望的奴隶，那么就会即使赚了很多钱也依然不知道满足，即使拥有很

反惯性思维

多美好的东西也依然不知道珍惜。欲望在他们的内心中不断地膨胀，他们时刻感到紧张和焦虑，时刻都在与人攀比，时刻都在索取和占有，这样的人怎么可能获得幸福呢？

人除了对钱有欲望，还会求名。创业者想发展事业，让自己成为人人敬仰的大老板；公司职员想要获得更高的职位，拥有更高的权利，受人吹捧和敬仰。然而，人外有人，天外有天，一个人即使非常优秀，也不可能超过所有人。一个人无论是在学校里学习，还是走上社会开始打拼，都不可能到达真正的巅峰。要想降低欲望，避免对自己提出过高的要求，使自己承受巨大的压力，最好的办法是只与自己比较。很多现代人都习惯且热衷于攀比，不管做什么事情都要与他人比较，仿佛不能超过他人就是罪恶。实际上，人生而不公，有的人一出生就含着金汤匙，有的人却出身贫寒，哪怕穷尽一生去拼搏努力也未必能够到那些幸运者的起点。在这个意义上，与其一味地与他人攀比，使自己陷入负面情绪，不如和自己比较，和过去的自己比较。这样一来，只要发现自己比以前有进步，有改善，我们就该感到满足，为自己感到高兴。这样的比较能够让我们获得成就感和激励，从而鼓起信心和勇气勇往直前。

欲望与幸福感是成反比的。如果欲望过多，幸福感就会降低；如果能减少欲望，幸福感就会增强。当然，欲望也是不可能彻底清除的。适度的欲望能够激励人产生向上的动力，是积极进取的力量源泉；过度的欲望却会使人对自身感到不满，甚至否定和贬低自己，形成错误的自我认知，也对自己的未来失去信心，所以对欲望最大的要求就是适度。

老刘是一所大学的心理学教授。近年来，很多企业都开始关注员工的心理健康，因而会去各大学聘请心理学教授给员工培训，或者进行心理疏导。随着这种趋势越来越明显，老刘也开始得到机会去企业开展心理讲座。对这份工作，老刘来者不拒。这不是因为他喜欢做心理疏导工作，而是因为他很需要通过这份工作赚更多钱，完成换大房子的梦想。

从本质上来说，不管是进行员工培训，还是开展心理疏导，都是为员工服务。很多企业在进行人才选拔时，就会聘请老刘给那些没有如愿以偿得到升职加薪的员工做思想工作。老刘游刃有余，很快就会让接受疏导的人认识到，人生之中除了争名逐利，还有很多其他有意义的事情。然而，让老刘惊讶的是，这些接受心理疏导的员工当着领导的面对老刘表示认同，而在讲座结束后就会给老刘发私信。有的人强烈反对他的观点，有的人则质问老刘做好大学教授就行，为何要来当客座教授开讲座。对此，老刘无言以对，他这才意识到自己也受到了名利的奴役，和那些内心焦虑的员工并没有本质的区别。

欲望仿佛呼吸，与每个人都如影随形，片刻也不会分离。正是因为如此，老刘才会义正词严地给员工做心理疏导工作，而丝毫没有意识到自己也在追名逐利。在激烈的竞争中，成功者总是容易把成功说得云淡风轻，而失败者则始终不能对失败释怀。这是因为一旦遭遇失败，欲望就会爆发出强大的力量，质问我们：别人都能成功，为何我偏偏失败？我必须超过那些成功者，碾压他们。这就是失败者的典型心理，即出于惯性向上看，拒绝向下看。其实，现实生活中，大多数人的生活状态都是比上不足，比下有余。如果我们一味地踮起脚尖去够不属于自己的生活，日久天长，就会身心俱疲。当对现状不满时，我们也可以略微低下头，这样就会发现自己的生活虽然比上不足，但比下有余，还是非常幸福的。古人云，知足常乐，这句话特别有道理。

究竟怎么做，才能彻底放下名利，坚持本心去追求幸福呢？

首先，不要与他人攀比，也不要与他人恶意竞争。喜欢攀比和竞争是大多数人的思维模式，一个人唯有和自己比，看到自己的点滴进步，才能摆脱攀比和竞争的惯性模式，才能做回自己。

其次，要关注自身的真实需求。在攀比的过程中，很多人只是为了不被他人比下去，就迷失在欲望中，忘却了初心。举个最简单的例子，在一家公司里，同一个部门的女同事，如果其中一个穿上了漂亮的裙子，其他女同事也会马上跟风购买相同或类似的裙子。她们从未认真思考过自己是否真的需要这样一条裙子。众所周知，大多数女性都喜欢贵金属装饰物，当有一个女同事买了一条金项链，其他女同事就会在很短的时间内竞相购买。这不是因为喜欢，而只是因为别人有。很多事情说起来容易做起来难，喜欢攀比的人要想不再攀比，就必须先只关注自身的需求，致力于满足自身的需求，彻底扭转自己的想法。

最后，树立自己的人生观。现代社会内卷现象极其严重，这一点从父母为了不让孩子输在起跑线上而做的诸多努力就可见一斑。无数父母竞相为孩子购买学区房，只为了让孩子在更好的学校里学习。在职场上，无数竞争者争相考取证书，原因或许只是身边有同事考取了相关证书，而自己还没有。这种考证热也在大学里蔓延，很多应届毕业生在找工作时拿着厚厚的一摞证书。有些人本身很"佛系"，对人生抱有随遇而安的态度，却因为看到身边的同学、同事都在考研，而被

○ 反惯性思维

迫也走上内卷之路。在这样的情况下，大多数人都仿佛被时代的洪流裹挟着朝前走，自己不思考，也不确定方向。很多人在大城市里生活，坐地铁上班只需要十分钟，可在高峰期时进入地铁站，却需要跟随人群走半个小时。这就是不能选择的无奈，也是身不由己的辛酸。如果没有那么多欲望，就可以选择回到家乡过悠闲舒适的生活。如果能够不那么内卷，就可以在他人都在做同一件事情的情况下问问自己，了解自己的真实需求，明确自己的终极目标。

拿得起，也要放得下

常言道，人生不如意十之八九。对每个人而言，人生都不是一帆风顺的，总会发生一些意外的事情，使我们或者感到惊喜，或者受到惊吓，或者觉得被命运捉弄，或者觉得命运对待自己过分苛刻。在漫长的人生中，每个人的感受每时每刻都处于变化之中，时而喜悦，时而悲伤，时而兴奋，时而消沉，时而积极，时而消极，时而笃定，时而慌乱。人是情感动物，注定会产生很多复杂多变的情绪，只有学会掌控和驾驭情绪，才能做好自己，也才能成为人生的掌舵手。

既然人生的本质就是变化的，那么我们就要学会顺应这种变化。尽管人人都希望自己的人生顺遂如意，但是命运可不会让所有人都这么好过。命运就像是一只无形的大手，能随意改变一个人的生活。面对命运的惊喜，人人都愿意接受；但是，如果命运给予我们的是惊吓，我们就会心怀抵触，就会心有不甘，也就会纠缠不清。尤其是在面对失去时，很少有人能够做到及时、果断地放下。我们需要知道，命运的安排往往是

◎ 反惯性思维

无法改变的,我们唯一可以改变的就是自己的态度和心境。对那些不能改变的事,接受才是最好的选择。

人只有具有坚持到底的精神才能取得成功,但也必须学会放弃才能真正进步。坚持到底是成功的秘诀,放弃却是人生的道理。能够坚持的人始终向前看,盯着自己的目标,然而,学会放弃的人却能减轻身心的负担,满心轻松地面对未来,同时也发挥自身的创造力,缔造属于自己的人生。在现实生活中,每个人都有各种各样的需求,这些需求也许与欲望有关,也许是由冲动引发的,这使大多数人都不遗余力地做人生的加法,只想让自己的人生更加丰富和充实。就好比一个人在登山的过程中不断捡起那些好看的石子放入背篓中,捡到的石子越来越多,背篓越来越重,他们也就更加举步维艰。反之,那些学会舍弃的人呢?也像是背着满满一背篓石子在爬山,但每爬上一个台阶,他们就会扔掉一颗石子,背篓变得越来越轻,原本沉重的呼吸更均匀了。这就是在做人生的减法,帮助自己减轻负担,轻装前行。

其实,所有人都是自己人生的登山者,都要努力到达自己理想的巅峰。在这个过程中,与其不停地给自己增加负担,不如适时地给自己减轻负担。近些年流行的断舍离的概念,原本指的是家庭主妇的家务之道,即坚持精简、清洁的生活，后来渐渐演变为清空自己的内心，让自己的思想变得更加纯粹。

让人感到特别矛盾的是，人不仅有知足心，能够学会断舍离，学会以舍弃的方式减轻自己的身心负担，同时也有欲求心，总想得到更多东西，希望有意外的收获。在欲求心和知足心不断博弈的过程中，我们渐渐形成了自己对待人生的思维模式，也构建了自己的人生框架。

不可否认的是，在大多数情况下，我们必须艰难地舍弃很多东西，因为这些东西，哪怕我们牢牢抓住，也不能做到真正拥有。有的时候，放手是一种智慧，更是一种得到的方式。例如，当总是沉浸在因为一件事情而引发的悲伤情绪中时，我们不但会错过太阳，还将错过月亮，错过群星。明智的人会及时调整自己的情绪，端正自己的人生态度，以积极的状态投入未来的奋斗中，争取做好人生下半场的事情。人生归根结底只有三天，即昨天、今天和明天。昨天已经变成不可改变的历史，今天是把握在手中的当下，明天则代表着未来。每一个昨天都是今天的影子，每一个明天都决胜于今天。由此可见，在人生有限的三天中，今天始终是最重要的，也是我们真正可以去改变的。既然如此，就不要再沉浸于逝去的昨天，而是要打起十二分的精神，把昨天抛在脑后，把今天握在手中。只有拥有精彩绝伦的今天,才会获得无怨无悔的昨天,也才能成就令人憧憬的明天。

在本质上,得到与失去只是不同的表现形式。有的时候,得到就是失去;有的时候,失去则意味着真正得到。很多人都有选择困难症,越是面对事关重大的抉择,越是迟疑不定,犹豫不决。还有人会列举出不同选择的优劣势,试图以这样的方式帮助自己做出决断。归根结底,我们的思想决定了我们将会做出怎样的选择,我们的本心也在引导着我们做出合理的选择。这不仅是取舍问题,更牵涉到人生智慧。对人生而言,一些重要的改变并非发生于关键时刻,而很有可能发生在那些不起眼的时刻。换言之,人生中任何阶段的小小决定,甚至是一念之差,都会使人生变得完全不同,所以判断力很重要,善于决断的人不管面对什么样的抉择,都能够整理清楚思绪,尽快地做出决断。

对大多数人而言,那些悬而未决的人生难题都是因为放不下而导致的。只要从内心深处真正舍弃,真正放下,很多问题就会迎刃而解。人们都不够了解情绪,有人追求积极正面的情绪,想要经常能够体验喜出望外、欣喜若狂,其实真正的好情绪是平静。平静的状态使我们能够从容地面对和接受生活的考验,也使我们能够波澜不惊地拥抱生命的惊喜。这样一来，我们的人生就进入了进可攻、退可守的良好状态，云淡风轻。

在人际交往的过程中，人与人之间不免会产生各种恩怨。生活中，很多恶性事件都是由原本不值一提的小事引起的。人都是有执念的，如果不能学会放下执念，而非要固执地要以眼还眼，以牙还牙，就会导致小事情不断发酵，变得越来越严重，直至无法收场。宽容他人，也就是宽容自己。

总之，做人要拿得起，更要放得下。和拿得起相比，能放得下更令人钦佩。因为拿得起往往是被逼无奈，不得不硬着头皮坚持，但是放得下却是主动作出的选择，更能够代表一个人的胸襟和气度。我们不但要宽容、忍耐他人的过错，也要学会放下执着，宽容和原谅自己。一个人的能力是有限的，总不可能面面俱到，做好每一件事情。既然如此，就要降低欲望，放下执念，从而认清自我，快乐生活。

○ 反惯性思维

领悟幸福的真谛

对于幸福,每个人都有独到的理解和感悟,也有自己对幸福的个性化标签。有人认为事业有成是幸福,有人认为升官涨薪是幸福,有人认为实现财务自由是幸福,有人认为家人平安是幸福……正如一千个人眼中就有一千个哈姆雷特,一千个人眼中也有一千种幸福。有人追求的是大幸福,造福社会;有人追求的是小幸福,独善其身;有人希望幸福轰轰烈烈,有人只想幸福平淡如水。对幸福,不管是怎样的观点,也不管是怎样的追求,都是没有错的。幸福原本就是每个人内心深处的感受,不能用唯一的标准去衡量,也不能用唯一的定义去划定。

世界这么大,每个人都从自身的角度出发看待世界,因而人人眼中的世界都是不同的,这直接决定了每个人对幸福的认知也是不同的。但是,我们必须明白一点,金钱或许能给幸福锦上添花,却不能创造幸福。换言之,人生的幸福并非完全取决于金钱,所以我们要以辩证唯物主义的观点一分为二地看待金钱,既要看到金钱对幸福的助力作用,也要看到金钱并非是获得幸福的必需品。否则,一旦被金钱绑架了头脑,陷入金钱至上的思维怪圈中,我们就会彻底远离幸福。

很久以前,有个渔翁生活在靠近海边的渔村里,以捕鱼为生,每天都会驾驶着破旧的小船出海捕鱼。一个偶然的机会,有位大富翁来到了小渔村里,他看到渔翁每天早早出海,早早回家,捕到的鱼只够维持一家人一天的开销,不由得感到纳闷,询问渔夫:"渔夫啊,你捕鱼的技术这么好,为何每天只捕这么点鱼呢?"渔夫笑着回答:"大海就在那里,又不会跑掉。我捕上来这些鱼,已经够全家人吃了,剩下的还可以卖钱,够全家人一天的开销。"大富翁更加纳闷了:"但是,你明明可以多工作一阵子,这样就能捕到更多的鱼,卖更多的钱。将来,你还可以用积攒的钱买一艘新的大船,再雇佣一些船员帮助你捕鱼。长此以往,你就会摆脱贫困,过上富裕的生活。"

大富翁说完这些话,满怀期待地看着渔翁,仿佛认准了渔翁一定会觉得自己的话很有道理,不想渔夫却漫不经心地问道:"然后呢?"富翁笑起来,说:"然后,你自己想出海就出海,不想出海就等着别人帮你赚钱,你只要留在家里陪伴老婆孩子就好了。"渔夫忍不住哈哈大笑起来，说："我现在就过着你说的生活啊，想出海就出海，不想出海就留在家里陪伴家人。就算是在出海的日子里，我也有很多时间陪伴家人。"这次，轮到大富翁陷入沉思了。

显而易见，大富翁和渔夫对幸福的理解和定义是不同的。大富翁认为幸福就是赚更多的钱，渔夫却认为自己已经在享受生活了。不同的观念使大富翁和渔夫过着截然不同的生活，大富翁尽管已经有了很多钱，却依然要奔波忙碌；渔夫尽管只有很少的钱，却已经在尽情地享受安逸舒适、自由自在的生活。从这个角度看，渔夫活在当下，把握住了当下的幸福，而大富豪却活在不可知的未来，不知道等待着自己的将会是怎样的未来。当然，如果大富豪以赚钱为乐趣，他依旧可以继续通过赚钱获得幸福；渔夫如果以享受当下为乐趣，也就可以继续过这样的幸福生活。

幸福的表现形式多种多样，坐在自家的小院子里纳凉，扇着蒲扇喝着茶是幸福；乘坐飞机满世界转悠，吃各国美食，看各国风景也是幸福。每一个追求幸福的人都无须过于在意他人的眼光和评价，而是要始终笃定自己的内心，坚定不移地追求属于自己的幸福。

真正的幸福来自我们强大的内心，要有坚定的信念，也要有独具个性的价值观念。一个人如果人云亦云，总是盲目跟风，就不可能获得幸福；一个人如果急功近利，总是梦想着实现超出自己能力范围的目标，也是不可能获得幸福的。幸福就是做自己，就是戒骄戒躁走好自己的人生道路。成功是一座独木桥，与其和其他人一起挤破了脑袋也要过桥，不如先慢下来，反思自己的内心，笃定自己的人生，也可以趁此机会回头看一看自己走过的道路，提醒自己不要遗忘最初的目标。

在追求幸福的过程中，我们还要坚持自己的原则和底线。有些人为了达到目的不择手段，甚至违法犯罪或者违背道德，这是不被允许和接受的。不管在什么情况下，我们都要在法律允许的范围内做事情，也要遵守道德规范，才能问心无愧。无愧于心，恰恰是幸福的大前提。如果一个人拥有了自己想要的一切，却惶惶不可终日，那就不可能获得真正的幸福与心安。

此时此刻，我们每个人都要先放下手中正在忙碌的事情，在一个安静的环境里，温柔地询问自己：现在的生活是我想要的吗？我真的觉得幸福吗？如果答案是肯定的，那么恭喜你找到了幸福；如果答案是否定的，那么请先别急着奔跑，放慢你的脚步，等待你落后的灵魂吧！

第02章

突破情境控制，坚持自我思考

在一直存在的情境之中，人们更容易陷入惯性思维的怪圈，如同条件反射般作出一些毫无新意的思考，也会循着惯性不假思索地进行选择。为了打破惯性，首先要突破情境控制，其次要坚持自我思考。唯有保持清醒的大脑，保持理智的思考状态，我们才能得出开创性的结论。

不要让无意识控制自己

有人梦想着能够实现财务自由，这样无须计较金钱就能做自己想做的事情；有人梦想着能够更加自由，不受工作和生活的牵绊，想去哪里就去哪里，随时都能有一场说走就走的旅行。这些人生目标都是伟大的，然而，最好的人生状态是实现选择自由，不需要被迫做自己不想做的事情，而是可以凭着本心和兴趣爱好决定属于自己的人生。因而我们说，选择自由才是人生最高级的自由，一个人实现了选择自由，就不会被任何事情限制住。

在人生的旅程中，作为旅客，我们时时刻刻都想为自己选择一条康庄大路，最好能够直接抵达人生的目的地，而不要有任何坎坷挫折，更不要有任何泥泞荆棘。然而，这也只是理想而已。残酷的现实告诉我们，人生总是充满各种不如意，还会受到各种意外的打击，时时处处充满了惊喜，也充满了惊吓。最糟糕的是，我们并非人生旅程中唯一的选择者，我们在选择道路的同时，道路也在选择我们。尽管我们不可能做永远

○ 反惯性思维

的主动者，但是也可以提升自己，这样才能被更好的人生道路选中。在这个过程中，我们还可以争取进入人生的康庄大道，离自己的梦想越来越近。

在人生的旅途中，我们还常常面对很多选择。有的人生道路很平顺，甚至没有任何波澜，让人感到乏味；有些人生道路百转千回，要经历弯弯绕绕，才能看到一点点希望；有的人生道路是柳暗花明又一村，明明已经感到绝望，却在坚持之后顺利抵达终点；有的人生道路是无路可走，往往还没有开始前进就已经彻底失败了。在面对各种选择时，我们无法准确地判断自己的选择会带来怎样的结果，但是有一点毋庸置疑，即选择不同，人生不同。在这个意义上，面对选择，我们必须提前做好准备，也必须非常慎重。

与其被动地被人生之路选择，不如主动地选择自己想走的人生之路，变被动为主动，人生就会更加精彩。需要注意的是，很多人都会被无意识的选择操控，在不知不觉间做出了重要的人生选择，也在懵懂无知的时候选定了人生道路。这是很糟糕的，我们要时刻警醒，主动选择。

一些两三岁的孩子抵触幼儿园，是因为进入幼儿园就会被老师约束和管教，远远不及留在家里自由自在。随着年纪增长，他们有了自己的小心思，会在无意识的状态下暗示自己。例如，有的孩子在去幼儿园之前突然宣称肚子疼，父母感觉孩子不是装病，只得带着孩子问诊。医生经过一番检查，却发现孩子没有任何生理性的疾病，也大概猜出了几分原因，就说要给孩子开很苦的药，或者是给孩子打针，这个时候，孩子肚子疼的症状马上就会奇迹般地消失。遇到这种情况，贸然说孩子是装病逃学显然委屈了孩子，孩子只是受到无意识的驱使，出现了神经性的症状表现而已。有些成人在受到严重刺激的情况下也会出现各种症状，如长期偏头痛或者胃痛等，在没有器质性病变的情况下，就要怀疑是不是无意识在以这样的方式逃避现实。

每个人都应该认识自己的无意识，这样才能避免在不知不觉的状态下生闷气，使用暴力解决问题，或者制造冲突，或者染上酗酒的恶习等。尤其是当意识到自己长期处于很糟糕的状态时，就更要有意识地选择积极的情绪和感受。人的心就像是一个有限的容器，一旦容纳了消极的情绪，就没有空间容纳积极的情绪。因此，可以先让心中装满积极的情绪，这样消极的情绪也就无处藏身了。对于消极情绪，要把握原则，正确处理。例如，当心中感到郁郁寡欢或者闷闷不乐时，与其一味地压抑情绪，不如采取疏导的方式，发泄不良情绪。有些女性和丈夫的关系不好，长期心情低落，抑郁症渐渐就会找上门来。如果能够主动和丈夫沟通，或者以其他方式说出自己的感受，就能及时疏导情绪，缓解不良情绪。

任何时候，我们都要相信自己不会无缘无故心情低落、紧张焦虑。一切情绪的发生都是有原因的，所以我们不能忽略自身的情绪，更不能对情绪释放出的求救信号视而不见。要知道，所有事情都是由我们亲自决定和选择的，感受和情绪也是如此。人们常说，心若改变，世界也随之改变。我们的感受和情绪变了，我们面对的很多事情也会变得不同。

现实生活中，总有些人把自己想象得与众不同，也高估了自己的承受力。承受了太多不应该承受的事情，我们的感知能力和决策能力都会发生变化。这个时候，不要认为是社会环境影响了自己，而是应该从自身寻找原因，从而彻底改善情况，彻底解决问题。总之，每个人都是自己的主宰，都是自己的神。除了自己，我们不能把原因归结于任何人。

谁说优秀者一定是成功者

一直以来，人们习惯于把成功与优秀联系在一起，认为所有的优秀者必然会获得成功，而每一个成功者也必然优秀。其实，这是对成功和优秀的误解。这个世界上有那么多人，难道每个人都很优秀吗？真正的优秀者只是凤毛麟角，获得成功更是要天时地利人和的共同作用。看到这里，也许有些人会感到沮丧，认为自己是大多数平庸者中的一员，不管多么努力都注定无法获得成功，注定在碌碌无为的一生中与失败纠缠。其实，我们根本不该这么想。

人们习惯以"失败是成功之母"安慰落魄失意的人，其中也包括自己。然而，他们在不假思索地说出这句话之后，却没有用心对待"失败"，更不曾深入理解"失败"的真正含意。失败的确是成功之母，但是人们在失败之后未必能够如愿以偿地迎来成功。面对失败，我们不要被动地等待成功接踵而至，而是要在接二连三的失败中反思，查明问题，合理解释不见成功踪迹的原因。一方面，分析失败的原因，从失败中总结

○ 反惯性思维

经验,汲取教训,另一方面要认清自己与失败之间的关系。不分析失败,是很多人无法扭转失败的根本原因,所以后来所作的努力也就变成了失败的重复。

除了要慎重地对待失败,如果想要获得成功,还要戒骄戒躁。很多人做梦都想获得成功,却有强烈的小富即安思想。才刚刚获得小小的成功,他们就志得意满,扬扬得意,骄傲自大。如果不能做到乘胜追击,很快就会失去这个小成功,又陷入失败的怪圈之中。其中蕴含的道理尽人皆知,即虚心使人进步,骄傲使人落后。

作为普通人,我们要以平凡的心境面对成功与失败;作为优秀者,又要如何端正态度取得成功呢?极少数人虽然拥有得天独厚的条件,却并没有如预期般获得成功。例如,学校里有一些极具天赋的学生,对学习充满信心,但在学习的道路上却屡屡遭遇坎坷。这也许与没有掌握正确的方法有关。所谓成功者,一定是卓越的,和优秀的人相比,卓越的人不但知道自己有天赋,而且善于利用天赋为自己加分,助力自己实现目标。当然,这并非意味着优秀者没有获得成功就应该被指责。正如前文所说,每个人对幸福有不同的定义,每个人对成功也有不同的定义。

具体来说,作为优秀者,如果与成功擦肩而过,就要从以下几个方面进行反思：首先，要知道失败只是人生中的暂时现象，而不会是主旋律，更不会在人生中永存。只要端正心态对待失败，失败总会成为过去时。其次，要相信自己是金子，总有一天会发光，当然，不要被动地等待，而是要积极地发掘自身的潜能，让自己尽快发光发亮。再次，制订适宜的目标。目标不宜过于远大，太过远大的目标不管多么努力都没有实现的可能，难免使人心灰意冷；过小的目标很容易实现，不能起到激励作用。只有适宜的目标，才能激励自身不断地拼搏进取，短期目标一个接着一个实现，长期目标的实现也就指日可待了。最后，学会团结协作。一个人不管多么优秀，都不可能只凭着自身的力量做好每一件事情。尤其是现代社会竞争激烈，个人英雄主义是完全行不通的。要想增强自身的力量，就要把自己当一滴水，让自己融入大海之中，将力量汇聚成汪洋。

总之，人人都有可能获得成功，而机会只属于那些做好准备的人。如果没有做好准备，千载难逢的机会到来时只能贸然应对，就会手忙脚乱，错失良机。有机会，要竭尽全力抓住机会；没有机会，就要想方设法创造机会。对每一个成功者而言，机会、能力和拼搏的精神缺一不可，只有积极主动地提升和完善自我，机会才会不期而至。著名的成功学大师卡耐基曾

○ 反惯性思维

经说过，人能够创造机会，唯有善于创造机会，才更容易得到成功的青睐。所以优秀者一定要相信自己，面面俱到地提升自己，也要坚持到最后。

不要被因果关系误导

在现代生活中,很多人都习惯运用因果关系简化思考,也的确取得了良好的效果。但是,这么做也是有负面作用的,即在长期运用的过程中,大多数人都在不知不觉间形成了思维的条件反射,哪怕发生了特殊的情况,他们也会不假思索地运用简化思考,导致问题因为被误解而变得复杂。这就是思维谬误。为了避免出现思维谬误,我们要积极地发挥思考力,带着崭新的眼光和创新的意识分析问题、研究问题。

现代社会中,思维谬误的现象极其频繁。例如,很多育儿宝典都含糊其词,并没有在细节方面教导和帮助父母;成功学书籍满天飞,大量年轻人都会购买,仿佛只要读了这些书籍,就真的能够获得成功;在意识到人脉资源的重要性之后,有一些人热衷于追寻积攒人脉财富的秘笈,更有些不负责任的课程宣称七天就能教会读者变身社交达人。这些现象都与因果谬误摆脱不了关系。原本,不管是人还是事物之间的关系都是很复杂的,但因为过度简化,关系变得非常简单,使建立

○ 反惯性思维

和处理关系看似没有任何难度。作为读者，如果渴望着在读完一本书之后就能脱胎换骨，轻信这些所谓的秘笈和宝典，最终一定会感慨自己饱读各种秘笈，却始终没有修炼出过人的能力。错误的因果关系，导致人们不但付出了金钱，而且消耗了大量的时间和精力，却选择了错误的道路和方向。他们越是狂奔不止，越是距离自己的目标更远。《南辕北辙》的故事就是如此，虽然目的地是正确的，也具备了各种有利于到达目的地的条件，但因为方向错误，一切有利的条件就都变成了不利因素，只会事与愿违。

很多关系都属于相关关系，而非因果关系。举个简单的例子，曾经有教育专家对参与实验的孩子们进行调查，目的在于探究孩子的学习成绩与家里阅读氛围之间的关系。最终的调查结果显示，那些家里有着丰富藏书的孩子，学习成绩更加优异。但是，我们不能就得出结论"因为孩子家里有阅读氛围，有丰富的书籍，所以他们有优异的学习成绩"。真相也许是，家里有阅读氛围的孩子更喜欢阅读，家里有丰富藏书的孩子读书多，所以眼界开阔，思维敏捷，因而表现出更强的学习力。从另一个角度看，真相也许恰恰相反，即这些孩子学习成绩优异，养成了良好的学习习惯，所以回到家里也能坚持阅读，为了满足他们的阅读需求，父母才购买了更多的书籍。当然，也有可能是在这些孩子的家里，父母的学历高，经济能力强，因而家里有足够的空间藏书，父母也愿意花费钱给孩子们买书。看看吧，仅这项调查就有这么多可能性，由此可见，不能把有相关关系的事情简单地归结为因果关系。

因为习惯于简单归因，所以人们的思维模式变得越来越狭隘，常常会陷入某种思想怪圈中无法挣脱。在市面上常见的成功学书籍中，有些理论在不同的书中都曾经出现过，尤其是那些看似很有道理的方法论，最喜欢以说教的口吻总结成功的经验，可编著这些书的人本身是否成功呢？如果成功的方法可以用如此简单粗略的方式总结，那么世界上的大多数人都能取得成功。然而事实并非如此。

俗话说，不经历无以成经验。对人生而言，很多事情都必须亲身经历，还要用心深入思考，才能总结出相关的经验。如果只是道听途说，甚至是没有根据地编造成功理论，必然害人不浅。

在经历了第二次世界大战之后，德国经济发展迅猛，因而有人说这是"二战"的意外收获。这其实是谬论。对其他国家而言，难道想要和德国一样飞速发展，就必须要经历战争吗？当然不是。对德国而言，"二战"和经济发展也是相关关系，绝非因果关系。战争必然会使国家发展停滞，经济发展退步。也许是因为经历了战争，国民的危机意识更强，想要尽快度过战后的低迷，所以才会奋起发展国家经济。如果没有经历战争，说不定德国会发展得更好呢！

从这个角度分析，因果谬论与幸存者偏差有着一定的关联。幸存者偏差，指的是人们只能看到他们想看到的东西，而因果谬论指的是人们在惯性思维的作用下随心所欲地剪裁事实，进行拼接。要想避免因果谬误，我们就要看到那些看得见和看不见的原因，开阔视野，打开思路，突破思维的框架。不可否认的是，因果关系的确是我们看世界的独特视角，也是帮助我们简化世界行之有效的方法。但是，因果关系同时也是思维陷阱，使我们不知不觉间就被惯性欺骗，在无意识的状态下被蒙蔽了眼睛和心灵，无法真正看清世界。

很多人都有赌徒心理，总是梦想着不劳而获。为此，他们热衷于炒股，想要用以钱生钱的方式满足自己对金钱的欲望。在股市上，很多人都曾经受到过严重的打击，他们原本以为自己能够承担股市的动荡和风险，却没想到自己只愿意盈利，而不愿意蒙受任何损失。事实证明，对大多数炒股的人而言，哪怕知道炒股的风险很高，他们也会出于侥幸心理而继续在股市中沉沉浮浮，他们自欺欺人地认为只要坚持不离开股市，总有一天能够押中一支潜力股，赚得盆满钵满。再如，香烟盒上专门标识了"吸烟有害健康"的字样,大量烟民却对此不以为意,继续吞云吐雾。难道这些烟民不知道吸烟者得肺癌的比例更高吗?他们心知肚明,却也心存侥幸,以很多没有吸烟的人也会得肺癌为由,劝说自己即使吸烟也未必会得肺癌。

一旦混淆了相关性和因果关系,在思考的过程中就很难摆脱困境,所以我们必须警惕相关因果关系的错误。绝大多数人都倾向于且热衷于建立明确的因果关系,这导致我们会面临更为严峻的考验。但是,只要多多用心,仔细区别,我们就能跳出思维的怪圈,避免被因果关系误导。

○ 反惯性思维

改变，是永远不变的

在这个世界上，没有什么是永恒不变的，改变才是一切生命的主旋律，也是整个世界的运行原则。然而，很多人都害怕改变，畏惧改变，也抗拒改变。这是因为人们对未知有着深深的恐惧。历史告诉我们，一切都会改变，所以我们应该学会接受改变，创造变化，也积极地迎接改变的到来。所谓未来，就是始终变化着的生活，就是给我们惊喜的所有变数。一个人如果不愿意接受改变，就相当于拒绝成长，人生将会处于停滞的状态，也必然会被飞奔向前的世界远远甩下。

很多熟悉历史的朋友会发现，正是在不断反抗暴政、推翻暴政的过程中，人类才得以不断进步，人类文明也才能持续发展。通过传递信息而进行合作，正是人类变得越来越强大的原因。和个体的势单力薄相比，合作的力量更大，尤其是在领袖的带领下，群体将会发挥令人震惊的力量。作为领袖，要平等地对待所有成员，否则，成员就会因为受到不公的对待而奋起反抗。相比之下，和每个成员相比，领袖获得了更多的荣誉和实实在在的好处，这是历史发展的必然规律。这也促使每个成员都必须努力提升自己，发挥自身的潜力，争取在合作中有更出类拔萃的表现。在这个过程中，某些成员变得越来越优秀，也渐渐具备了领导者的能力，具备了领袖的特质。

不管是公司还是国家，从本质上而言都是组织机构，是虚构出来的实体。他们以各种制度作为依据，创造出令个人敬仰的奇迹。在世界历史上，很多迄今为止依然被人观瞻的奇迹，令人感到难以置信，这就是最好的证明，如埃及金字塔。从这个意义上来说，当人与人以某种方式组成团体，该团体的力量未必仅是所有个体力量的综合，而有可能呈指数级增长，爆发出惊人的力量。然而，找到最佳的方式组合所有的团体成员，并且在持续优化的过程中实现力量的指数级增长绝非易事。

作为现代人，我们可以通过历史的记载了解祖先的生存和发展状态。在人类文明的历史长河中，书面文字记录是非常重要的，它能够传承文明、传承经验，因而改变现实。从本质上来说，并非文字得到了我们的信任，而是曾经发生过的现实得到了我们的信任。正因为如此，唐太宗李世民才说"以史为鉴，可以明得失"。很多事情以某种规律运行着，在不同的时间段会出现惊人类似的情况，明智者总能从中看出端倪，发现令人惊喜的一切。

此外,在以文字形式进行记载的过程中,执笔者往往会受到一些因素的干扰,因而尽量地以文字掩饰现实,又对文字进行美化。在众多的组织机构中都存在这样的现象,这使领导者无法真正地深入现实,了解现实,也无法真正体察民情,了解民生。然而,只需要走到基层,领导者就能听到最真实的声音。从这个角度来说,很多领导者都迫切需要改变,既改变当领导的方式,也改变内心对文字的认知,这样才能拨开迷雾见真相。

在西方国家,有些人信奉宗教,有些人坚持科学,在很漫长的时间里,人们一直争辩到底是科学还是宗教代表着真理。实际上,科学也有目前仍无法合理解释的现象,面对这样的情况,人们就会用宗教进行解释,与此同时,科学一次又一次地证明了宗教的错误。其实,把宗教与科学相提并论原本就是不合理的,科学想要获得力量,宗教想要建立秩序,它们的侧重点不同,并非如同人们在激烈争执中表现出的那般相互对立,彼此矛盾,而是此消彼长,保持共生的。当然,宗教和科学也保持着变化,科学在不断向前发展,揭示世界的更多奥秘,而宗教也在不断完善。

那么,作为现代人,要如何面对改变呢?对所有的生命个体而言，欲望都是在不断增加的，为此很多现代人投身于更紧张忙碌的工作中，试图推动社会发展，提升自身的经济水平，从而满足欲望。然而，现在的欲望一旦得到满足，就会马上生出新的欲望，这使人进入了恶性循环，即努力赚钱，满足自身的欲望，继而更努力地赚钱，满足自身更大的欲望。如此循环往复，人永远也不会感到知足。要想摆脱这个怪圈，我们就要知道自己为何要拼搏努力，为何要赚更多的金钱。如果这么做只是为了满足物质方面的需求，那么我们永远也不会感到满足。在满足一定的物质需求后，我们应该追求精神和情感上的满足，也致力于实现自身存在的价值和意义。如果说生理需求是形而下的，那么心理需求则是形而上的。这需要我们做出改变，调整自己的各种欲望，使其变得合理和更容易获得满足。世界富豪比尔·盖茨建立了微软帝国，拥有大量的财富。他很热衷于做慈善事业，以此实现自己的社会价值。股神巴菲特也是热心的慈善家，捐献出很多财富帮助那些有需要的人。可以说，他们追求的就是精神满足。在从聚敛财富到分享财富的过程中，诸如比尔·盖茨和巴菲特等人，一定发生了改变，正因为如此，他们对待金钱的态度才会变得不同。

在人类发展的历史上，有很多物种灭亡了，也有很多物种生存了下来。每当地球环境发生剧烈变化时，包括人类在内的所有生灵都面临着严峻的生存考验。正如达尔文提出的适者生存，只有能够真正改变自己、适应环境的生命，才能在残酷的大自然中生存。可见，改变还是生命力的象征，改变能力越强，生存能力越强。在不得不做出改变的情况下，那些能随机应变的人将能把握生机。

想一想自己为何拒绝改变

现实生活中,很多人都拒绝改变。这是因为他们不能清醒地认知自己,不能清晰地规划人生。对人生旅程中的所有事情,他们都怀着敷衍了事、得过且过的态度。他们常常表现得很固执,甚至在与人争辩的时候表现得很偏激。其实,并非是外部世界困住了他们,而是内心束缚了他们。要想活出全新的人生,要想认知全新的自己,每个人都要努力冲破内心的囚牢,改变长期以来的行为和思维模式,至少要跳出主观的束缚,积极地寻求突破。人是主观动物,很多人在面对和处理一些事情时,都不能做到客观公允。但是,我们要竭力摆脱主观观念对自己产生的影响,尽量做到独立自主地分析事情,解决问题。举例而言,现代社会中有很多成年男性都被称为"妈宝",这显然是一个贬义词,形容男性已经成年,却依然处处依赖父母。为了摆脱这个称号,让自己真正走向独立,"妈宝男"就要有意识地离开父母的身边,让自己得到锻炼。

仅从表面看,那些拒绝改变的人仿佛很爱自己,因此才

○ 反惯性思维

会安于现状，让自己生活在安逸舒适的状态之中。但是，从本质上说，这些人是不够爱自己的，因为他们始终拒绝面对自己的缺点和不足，允许自己停留在原地，被无数后来者超越。一言以蔽之，他们从不曾为了成就更好的自己而努力。试想，现代社会中的竞争越来越激烈，每个人都面临着巨大的生存压力，为了获得自己想要的生活，我们必须全力以赴地拼搏。然而，如果任由自己无所事事，碌碌无为，最终一定会被社会抛弃，也会被时代远远甩下。可想而知，这些拒绝改变的人未来将会拥有遗憾的人生。

有人说，父母之爱孩子，则为孩子计深远。我们也要说，每个人只要爱自己，就要为自己的长远考虑。越努力，越幸运，只有真正努力的人才能抓住各种好机会，才能得到命运的青睐。

那么，人们为何拒绝改变呢？不外乎以下几种原因：首先，人是有惰性的，人人都有懒惰和拖延心理。如果改变不是必须马上进行的，人们就会犯拖延症，找出各种借口和理由说服自己安于现状。正是因为如此，才会有"一百次空想也不如一次实干"的说法。在很多情况下，真正逼迫自己动起来，全力以赴地投入改变之中，就会发现结果并非如同我们预想得那么糟糕，说不定还会给予我们超出预料的惊喜呢！可见，要想推动改变，就必须戒掉拖延和懒惰心理，让自己成为不折不扣的实干家。

其次，人们对问题的认知流于表面，不够深刻。很多人都会一叶障目，不见泰山，而自己对这样的情况却无知无觉，反而自以为分析得很有道理。想象力固然是创新和成长的源泉，却也会使人沉浸于自以为是的想象中，带着强烈的主观意识去看待问题，这样难免会对命运感到不满，也会在不知不觉间开始抱怨。不管面对怎样的人生境遇，我们都要始终牢记自己的人生目标和人生理想，也要清楚地知道自己怎样做才能让事情有转机，朝着我们期望的方向发展。具体来说，分析问题的时候要面面俱到，透过现象看本质，才能拨云见日。

再次，消除恐惧心理，才能积极地改变。人们常说，心若改变，世界也随之改变。的确如此，积极的心态和创新的思维，才能带来行为的改变。反之，如果一个人总是固守陈旧的观念，对人生不愿意进行任何创新，就会闭目塞听。此外，很多人也会恐惧未知的生活，而改变带来的恰恰是未知的生活，这就要求我们学会打破习惯、突破围城。从某种意义上来说，怀有恐惧心理的人就仿佛筑起了心墙，既不愿意接纳新的观点，也不愿意表达自己的观点，应对一切问题的方式都是逃避。然而，逃避不能真正解决问题。只有勇敢、积极应对，问题才会有所改观，也才会迎刃而解。

○ 反惯性思维

最后，人们都害怕失去，因而不敢选择。很多人之所以抗拒改变，是因为觉得现状并没有糟糕到必须改变的程度。他们生怕一旦改变，就会发生不可掌控的事情，导致自己不但不能如愿以偿地改善现状，反而会失去目前已经拥有的一切。瞻前顾后的思维，使他们很难做出选择，还有些人表现出严重的选择困难症状。

对已经维持了八年的婚姻，晴儿一直想要结束，但始终不能下定决心。其实，她对丈夫是不满的，总觉得丈夫很自私，缺乏责任心，也不够爱她。她不止一次对丈夫说："我感觉我们的婚姻不像是年轻人的婚姻，而像是老年人的婚姻，彼此之间没有热情、没有激情、没有爱情，只能称为搭伙过日子。"在真正走入婚姻之前，晴儿可不是这么想的，她非常憧憬和向往爱情，也曾经无数次告诫自己不要把婚姻经营得平淡如水。

然而，最初的热情、激情和爱情都被生活的柴米油盐酱醋茶消耗殆尽，从结婚之后就成为全职家庭主妇的晴儿尽管对丈夫的忙碌感到不满，但也很清楚丈夫必须努力赚钱才能维持这个家庭的正常运转。晴儿要照顾孩子而留在家里。其实，她并非没有想过改变，也想过要出去工作以改善家庭的经济状况，这样丈夫就不用那么辛苦；她也想过离婚去追求自己想要的生活,至少这样人生不会如同一潭死水。然而,她很快就又打消了这些想法,她不认为自己在脱离社会这么久之后还能顺利找到喜欢的工作,更不确定自己离婚之后又会过上怎样的生活。思来想去,她决定安于现状,继续带着不满等待晚归的丈夫,也继续带着不满乏味地生活。转眼之间,晴儿从而立之年进入不惑之年,才真正意识到人生如同白驹过隙,就这样荒废了最好的青春时光。

在相当一部分婚姻里,家庭主妇的状态都和晴儿相似,既对现在的生活状态不满,又不知道应该如何做才能获得自己想要的生活,更不知道自己一旦改变会面对怎样的局面。其实,一旦确定现在的生活不是自己想要的,我们就要积极地改变,哪怕改变之后的情况更糟糕,也在所不惜。这是因为一盘死棋是下不活的,而只要改变棋局,就会改变整体情况,也会迎来新的生机。

在漫长的人生道路上,任何人和任何事情都不可能保持一成不变,既然如此,我们当然要以改变应对改变。这就像是思维发生了碰撞,很有可能迸发出火花。从现在开始,就让我们积极地改变吧,你一定不会对改变感到失望的。

● 反惯性思维

不容忽视的默认选项

大多数人在为电脑安装软件时，不会特意把系统自动选定的选项删除，而是会按照默认的安装路径继续安装。这么做的结果就是，我们的电脑从一张白纸，变成了小朋友的随意涂鸦作品。面对着电脑上突然出现的各种软件，我们虽然感到厌烦，却不知道究竟发生了什么事情。其实只要认真观察，我们就会发现问题出在不容忽视的默认选项上。然而，一时的偷懒很有可能给我们带来无穷无尽的麻烦，为了避免这种情况出现，我们一定要重视默认选项。

在手机刚刚兴起的时候，很多人都会潜心钻研，恨不得发现手机一切明示和隐藏的功能。尤其是对手机铃声，大多数人都会设置个性化铃声。随着手机的普及，随着生活中有了更多吸引人的事情，大家的心态渐渐发生了改变，相当一部分人觉得使用默认铃声也很好，这使在人多的场合里，一部分人的手机铃声是相同的，一旦听到熟悉的铃声响起，大家就会立即查看自己的手机，然而大部分情况下，压根没有电话或者信息。在几次三番受到这样的困扰之后，有些人又开始用心研究手机铃声，想要为自己的手机设置一条与众不同的铃声。

为了摆脱默认选项，我们首先要改变从众心理。很多人之所以全盘接纳默认选项，是认为既然大家都使用默认选项，自己也应该使用。他们从未想过自己是否真的需要使用默认选项，也没有认真地分析过默认选项是否真的对自己有利。

对人性，曾经有心理学家以感性和理性作为依据，提出了感性人假设和理性人假设。那么，接受默认选项的人属于哪种假设呢？实际上是中间地带。从这一点上不难看出，选择接受默认选项的人其实有不同程度的中庸心态，他们在不知道该如何选择的情况下，往往倾向于随大流，也就是心理学领域所说的从众。

为了研究默认选项对人的影响，美国罗格斯大学的研究者曾经开展了相关的实验。在这所学校里，打印机原本默认单面打印，需要双面打印的人必须特意更改设置，因此，学校每年都要消耗大量的打印纸。开展默认选项实验后，相关负责人就把打印机默认为双面打印。如此一来，需要单面打印的人就要自行更改设置，才能把双面打印改为单面打印。令人惊奇的是，除了极少数必须单面打印的人更改了设置之外，大多数人都接受了默认的双面打印，其中不乏那些不喜欢双面打印的学

○ 反惯性思维

生。这就是默认选项的力量，在短短三年的时间里，学校节省了5500万张打印纸。要知道，制造5500万张打印纸需要砍伐至少4600棵树。如果每一所学校、公司都能进行这样的默认选项设置，就会对保护树木做出极大的贡献。

有一家专门生产调味料的企业，在一段时间内销量低迷。负责销售的张总为了拓展新客户，采取了各种措施，如在电视和报纸上做广告，免费邮寄试吃装等。遗憾的是，这些方法收效甚微。就在张总一筹莫展之际，有一位职员提醒："张总，我认为除了拓展新客户之外，还有一个更好的方法。毕竟调味料市场已经成熟且饱和，这意味着很多客户都有自己喜欢的品牌，不会轻易改变。既然如此，我们为何不做一个小小的改动呢？"

张总听这位员工说得头头是道，当即表现出了浓厚的兴趣。然而，在听完员工的介绍后他却感到失望，认为这个方法还不如打广告呢。结果出乎他的预料，抱着死马当作活马医的心理进行改变之后，销量竟大大增加。那么，这个神奇的方法到底是什么呢？就是把调味料的口开大一些。通常，家庭主妇在做饭的过程中都是有固定习惯的，即打开调味料的口冲着菜肴晃动三次，这样调味料就会通过细小的孔均匀地散在菜肴里。把口开大之后，主妇们做饭的习惯却不会改变，这就增加了每顿饭的调味料用量。如果说此前一瓶调味料能用三个月，那么在加大开口之后，一瓶调味料只能用两个月，这使老客户的复购率大大增加。

从某种意义上来说，调味料的开口也是默认选项，很少有家庭主妇会因为开口太大或者太小而刻意调整。既然如此，加大开口就能增加用量，使那些忠诚的老客户在短时间内再次购买，销量自然节节攀升。

不管是在生活中还是在工作中，默认选项的情况都屡见不鲜。很多人压根没有意识到默认选项是需要评判的，因而不假思索地就接受默认选项；有些人则是不想费心思考，为了省事才选择默认选项。不管出于哪种原因，随着时间的流逝，默认选项都将不断地累积，产生巨大的效应。在长期接受默认选项的过程中，人们还会不知不觉地形成依赖性。这是因为一旦拒绝一个默认选项，就要经过思考、仔细斟酌才能选择另一个选项。既然需要选择，就必然要对不同的选项进行分析，权衡利弊。如此一来，我们就会更加依赖默认选项。

对那些无关紧要的事情，大多数人都会依照惯性行事。然而，外部世界每时每刻都处于变化之中，不但我们生活和工

○ 反惯性思维

作的环境在改变，默认选项也在更新迭代，给出更加简单实用的选择，使人们更加倾向于接受默认选项。正是因为如此，一些组织才会利用默认选项给人带来的便利攫取利益。例如，有些旅游网站在购票时会默认选择购物券或者贵宾室等需要额外收费的项目，也有些提供服务的网站会利用用户的惯性进行捆绑销售，很多用户直到发现银行卡里的金额不对，才会寻根究底，还有的网站会故意把确定键放在显眼的地方，而把取消键隐藏在不容易发现的地方，这也是充分利用了用户想省事的心理，引导用户出于节省时间的目的而选择确定。这些网站的用户体验感很差，有些用户会因为觉得被侵犯了权益而选择弃用相关的网站。

在创新的道路上，默认选项是不折不扣的绊脚石。我们要想坚持创新，就要拒绝默认选项，从而才有机会探索更好的选择。

音乐与酒的秘密

在心理学领域,有一个启动效应。具体而言,指的是因为此前受到了某种刺激,所以在此后接受相同的刺激时,会很容易就感觉到,也会自觉地进行心理加工。这是一种特殊的心理现象,与习得性无助有着相似之处。心理学家认为,这种现象体现了内隐记忆。情绪启动的方法通常是以词语引发情绪状态,无疑,这种被引发的情绪状态与词语是相对应的。经过深入研究,心理学家又有了更进一步的发现,即如果采取相同的形式呈现刺激,如两次都以听觉的声音刺激,或者两次都以视觉的图片刺激,就更容易引发启动效应。但是,也有例外,即不同形式的刺激引发了相同的情绪反应,这些刺激之间存在着一定的关联性。例如,学校和老师,家乡和大山等。学校和老师都与孩子的教育有关;家乡和大山是相互联系的,家乡有一座大山,大山就在距离村子不远的地方。

在生命的历程中,亲身经历的很多事情,以及由此得到的经验的确能够引导我们处理好很多问题,但也会使我们陷入怪圈，即始终先入为主地解释周围的人和事情。这是因为人的记忆系统是网格状的，不同的事情尽管得到了分别记忆，却也会在有线索的情况下马上联结。心理实验告诉我们，对同一个人而言，一种想法可以随之产生另一种想法，甚至会激发当事人做出某种举动，这就是启动效应的典型表现。例如，一个人在下午上课时很饿，一边听老师讲课一边想到傍晚要吃一大碗牛肉面，他就再也无心上课了，而是偷偷地拿出手机开始点外卖，只为了在放学之后的第一时间就能吃到牛肉面。

心理学家专门对此进行了实验，即在被观察者不知情的情况下，让他们阅读相关的词语。在完成特定的任务后，这些被观察者无意识地改变了自己的行为。例如，他们阅读了介绍优雅行为的文章，其后吃饭的时候就会一改狼吞虎咽的模样，变得很优雅，很斯文；他们阅读了讲道理的文章，知道了说话要有理有据，其后与人沟通的时候就不会再歇斯底里地强求他人，而是头头是道地讲道理。尽管并非事先计划好要做出改变，但是他们的确在无意识状态下受到了影响。

启动效应最典型的表现是看恐怖片。很多人独自在家里看恐怖片，明明此前并不感到害怕，却在看完恐怖片后听到任何细微的响动都马上感到紧张和恐惧。甚至恐怖片里经常出现的意象，如布娃娃、镜子、马桶、窗户等，都会引起恐慌，使他们草木皆兵，在很长一段时间内都不敢在半夜上厕所时看镜子，坐在马桶上也会觉得提心吊胆。

除了恐怖情绪，消极沮丧的情绪也能够启动负性联结。例如，人们在兴致高昂的情况下，哪怕面对困难，也充满了信心和勇气。反之，在兴致索然、悲伤难过的情况下，即使听到那些好消息，也提不起兴致来，非但对自己的现状感到不满意，而且认为自己的前途一片暗淡，这就是消极沮丧的情绪给人带来的启动效应。在这个意义上，启动效应其实有心理暗示的作用。因此，在做一些事情之前，我们可以先进行相关的准备。例如，预先知道某项任务很艰巨，就要给自己鼓劲打气，这样才能排除万难，决不放弃。再如，明知道工作很辛苦，但是每天出门都对着镜子里的自己露出笑容，再三告诉自己只要努力，就有回报。预感到自己在即将到来的考试中很有可能名落孙山，就要积极地投入复习，与此同时提振信心，坚信自己很棒。既然情绪启动效应无时无处不在，我们就可以变被动为主动，趁着负面情绪还没有产生影响，启动积极的情绪，让自己满怀希望和信心地开始一天的生活和工作。

有人说，每个人眼中的世界都是自己内心的投射，这句话很有道理。正如人们常说，心若改变，世界也随着改变。如果我们总是郁郁寡欢，看到的世界就是灰暗的、阴沉的，甚至

反惯性思维

即将下起雨。如果我们主动地调节情绪,积极乐观地面对一切,那么我们看到的世界就是明媚的、灿烂的,没有一丝云彩。既然哭着也是一天,笑着也是一天,当然要主动开启愉悦的人生模式,而不要让愁眉苦脸影响了一天的好心情。

其实,情绪启动效应在生活中有很多运用,只是被启动情绪的人并没有意识到,更没有想到自己因此做出了相应的行为。

每到周末,很多上班族都会去超市进行大采购,一则是为未来一周的生活储备足够的食材,二则是趁着周末的好时光做顿大餐犒劳自己。漫步在超市的过道上,因为不需要担心工作上的事情,又有很多时间可以慢慢地选择,所以张华表现得很悠闲惬意。正在这时,他来到了摆放酒水的货架旁边,目之所及,分别是产自德国和法国的葡萄酒。这两种酒的品质相差无几,价格也是很接近的,张华只思考了片刻,就选择了法国葡萄酒。他想到了法国的浪漫,想到了埃菲尔铁塔,想到了苏菲·玛索。

不过,他没有意识到自己是因此而做出选择的。当研究人员走过来,询问他为何要选择法国葡萄酒时,他也只是回答自己认为法国很浪漫,与自己的美好周末很相配。这个时候，研究人员提醒他超市里正在播放法国的音乐，他才恍然大悟，原来自己是被法国音乐勾起了兴致，才情不自禁地想起关于法国的很多事物。

这是在生活中运用情绪启动的典型事例。除了超市里喜欢播放各种类型的音乐，西餐厅等注重营造用餐氛围的高档餐馆，也会有意识地播放相同类型的音乐。尤其是咖啡厅，是很多年轻人轻松交谈的地方，那么播放音乐作为刺激，启动消费者的情绪，就会有显著的效果。

很多人坚决不承认自己是因为过往的经历才做出现在的决策，这个想法是错误的。研究证实，每个人之所以做出相关的决策，都是人生经验和感受在发挥作用。

◯ 反惯性思维

关注周围的环境

自古以来，人们就已经发现了环境，尤其是社会环境会影响人。例如，早在春秋时期，孟母为了教育好孟子，就搬了三次家，先是从靠近坟地的地方搬到热闹的集市附近，继而又搬到学校附近。直到看到小小年纪的孟子在学校附近居住，产生了浓厚的学习兴趣，孟母才定居下来。环境对人的影响到底有多大呢？心理学家经过研究发现，环境为人的成长划定了起点，也在一定程度上决定了上限。此外，人在特定的范围内成长的速度，也受到环境的影响。举例而言，有的孩子出生在农村家庭里，从小就和父母无限亲近土地，对大自然的感情是非常深厚的；有的孩子出生在高级知识分子家庭里，家里不但有很多堆满书的书架，而且有专门的阅读空间，因而有浓郁的书香气氛。受到家庭环境的影响，孩子小小年纪就对书本产生了好奇心，也模仿父母认真阅读的模样，捧着书本津津有味地读了起来。显然，在这样两种截然不同的家庭里，孩子受到的教育和引导也是截然不同的。当然，这并非意味着只有出生在书香世家的孩子才能在学习的道路上成才，事实证明，出身贫寒的孩子也能通过学习改变命运，但是和出生在书香世家的孩子相比，他们学习的道路必然有很多的不同之处。

有人说，人与人之间是平等的。其实，人生根本不存在绝对的平等，因为每个人出生的起点是不同的。有些人出生的起点很低，穷尽一生去努力，才能改变命运；有些人出生的起点很高，即使不努力，他们一出生就有的高度也是别人望尘莫及的。不管在哪一个历史朝代中，社会的主体都是普通的老百姓。对整个时代里熙熙攘攘的人群而言，只有凤毛麟角的人才能青史留名。基于这一点，我们作为普通人一定要对自己有客观公正的认知，也要准确地定位自己的人生。每个人都是世界上特立独行的生命个体，是独一无二的存在，但是我们绝非只是自己，也绝非只需要做好自己。人人都出生于特定的家庭里，身边都有家人、朋友，既然如此，在憧憬未来时，我们就不但要把自己纳入考虑的范围，也要把周围的环境，以及环境中的各种要素纳入考虑的范围，这样才能准确定位自己，也才能以合理的态度预估自己的未来。有些人好高骛远，在看到身边有人取得了伟大的成就后，就不自量力地想要去模仿他人。殊不知，每个人都有自己成功的理由，也有自己失败的理由，每个人的成功或者失败都是独属于自己的，其他人无法模仿或者复制。对任何生命个体而言，活出真实的自己，活出精彩的人生，才是终极目的。

古往今来，从未有人只依靠复制他人的成功就能取得成功。正如一首歌所唱，不经历风雨怎能见彩虹，没有人能够随随便便成功。作为旁观者，我们也许只看到成功者的荣耀，而没有看到在获得成功之前，成功者经历了怎样的至暗时刻。也许有人会说，现代社会有人一夜成名。极少数人的确一夜成名，然而这只是假象，长久的坚持和努力才是背后的真相。需要注意的是，尽管所有的成功者都是历经艰难的，但并不是每一个历经艰难的人都能获得成功。这正如人们常说的，努力了未必有所收获，但是不努力注定毫无所获。既然如此，我们自然要坚持努力，决不放弃。

看到这里，相信大家都认识到环境对人能产生巨大的影响。既然如此，当生存的环境很糟糕时，我们是否应该因此而自暴自弃，甚至感到绝望呢？当然不应该。这是因为尽管人生的起点和上限很大程度上取决于环境，但是在这个范围内以怎样的速度成长，其实取决于我们自身。古往今来，很多成功者都有着不幸的家庭环境，在社会生活中也并非一帆风顺，但是他们没有被命运打倒，而是做出了伟大的成就。反过来看，有些人虽然因为环境获得了更高的起点和更高的上限，却因为自身不思进取，而远远没有达到上限。在这个意义上，每个人都要拼尽全力实现自己的上限，说不定还能够激发潜力突破上限。具体来说，对环境，我们可以主动控制，也可以进行引导，这样就能在不同程度上消除环境对我们的负面影响，也能放大环境对我们的积极影响。

那么，这是否意味着我们只要对自己形成超出环境上限的期待，就能获得成功呢？答案是否定的，这么做恰恰会让我们产生无力感，继而选择放弃。正确的做法是，客观地认识环境的上限，从而对自己怀着合理的期待。这里的合理期待，指的是不超出上限范围。先不要急于否定这个目标，也无须担心这个目标不能满足未来的自己，只要这个目标能够在当下引导我们，指引我们，也能激发我们的潜能，提升我们的综合能力，就是起到了良好的作用。人生是不停蜕变的过程，在顺利度过这个阶段之后，我们会进入下一个人生阶段。这个阶段中的成功人生经验，将会帮助我们顺利地完成下个阶段的任务。由此，人生就会进入良性循环。

人的本性就是懒惰，所有人都想要安逸的生活，而不想辛苦地拼搏和奋斗。面对不时伸头探脑的惰性，我们要发挥意志力战胜惰性，也可以借助外界环境给予我们的压力，化压力为动力，从而战胜懒惰的本能。

总之，对环境的制约，我们要积极地面对，这样才能发挥环境制约的积极作用，消除环境制约的负面作用。我们要时刻记住，对任何人而言，只有自己才能决定自身的成长，才能改变自身的命运。在正确认知自我的前提下，只要坚持目标，就能抵达成功。

每个人之所以成为现在的模样，除了基因在发挥作用，环境的作用也是不容忽视的。每个生命个体之所以各不相同，与每个人生存的环境截然不同也是密切相关的。

众生百态，是人之常情。有的人一生之中平安顺遂，无忧无虑；有的人一生之中磕磕绊绊，常不如意。不管命运如何对待我们，我们都要始终相信这些苦难将会成为人生中最宝贵的财富，也会成为我们力量的源泉。俗话说，不经历无以成经验。即使作为父母，也不可能完全代替孩子成长。既然如此，我们就不应该再抱怨，而是要积极地接受命运的安排，积极地面对人生和未来。

第03章

突破思维定式，坚持创新思考

很多人之所以不善于思考，是因为存在思维定式。他们擅长学习和模仿他人，也很擅长参考和套用经验，却不知道没有人能只靠着复制就获得成功。他们哪怕明知道拒绝新生事物是错误的，也依然不愿意做出改变。在思维定式中，他们人生的道路越走越窄。我们一定要打破思维定式，坚持创新思考，才能让人生与众不同，独具精彩。

独辟蹊径，想他人所未想

现代社会中，很多人都意识到要创新，于是把创新当成口号，每天都会喊上几遍。然而，只靠着喊口号是不能真正做到创新的。此外，创新不能只流于表面工作。真正的创新必须脚踏实地地去尝试，也要毫不迟疑地打破旧的条条框框，因为只有思维不受限制，我们的心才能自由自在。

除了喊口号要创新，还有人把生活和工作的每一个角落里都贴满创新二字，这种形式主义对切实开展创新毫无作用。人的大脑就像是一个容器，看起来体积很小，容量有限，实际上却可以储存海量信息。曾经有科学家提出，人类只利用了大脑十分之一的潜能，而大多数潜能都处于沉睡状态，即使那些伟大的科学家也不例外，所以我们要善于利用过去的经验，消除守旧的习惯，才能避免形成墨守成规的坏习惯，也才能促使自己创新和改变。

很多人都陷入了经验思维的怪圈之中，无法摆脱经验思维的惯性作用。他们最喜欢说的一句话就是"你必须使用过去的经验向我证明你说的是对的,我才愿意相信你;否则,我是不会相信你的"。正因为如此,才有那么多人热衷于以过来人的身份对他人进行说教,还摆出一副绝对自信的模样,这正是所谓的经验给了他们这样的底气。难道有经验的人一定会做得更好吗?对经验主义者而言,的确如此;但是对勇敢创新的人来说,经验反而是一种束缚,会让人在尝试和创新的过程中束手束脚,很容易就对遇到的困难举手投降。反之,如果没有经验,大脑就像是一张白纸,我们完全可以循着自己的创新思路描绘这张白纸。

现代社会中,很多年轻夫妻都忙着上班,因而只能把孩子托付给老人照顾。他们原本以为千里迢迢来到大城市帮自己带孩子的老人是来帮忙的,却没想到对方是来帮倒忙的。尽管老人是一心一意为子女好,但是在照顾和养育孙辈的时候,他们却因为犯了经验主义的错误,而对子女新的养育观念嗤之以鼻。这使得很多家庭在有了老人开始帮忙带孩子后出现鸡飞狗跳、不得安宁的场面。其实,老人如果真心想帮助子女减轻负担,就要摒弃此前养育孩子过时的经验,接纳和学习新的教养观点,这样才能让家庭教育跟上时代的脚步。曾经,有个儿媳妇看到婆婆用嘴巴咀嚼食物喂孩子,当即告诉婆婆这么做不讲卫生,婆婆却不以为然地说:"我儿子小时候我就是这么带的，现在不也长得好好的么，怎么你儿子就这么娇贵呢！"不管儿媳怎么解释，婆婆就是我行我素。吵了好几次之后，儿媳只好亲自带孩子，而把婆婆送回了老家。

经验思维还体现在生活的很多方面。例如，大多数女性在购买化妆品的过程中，都会询问向她推荐这款化妆品的导购是否使用过，效果如何。作为导购，当然是以促进成交为目标，所以她们会毫不迟疑地回答"我一直在使用这个系列的化妆品"。继而，顾客就会观察导购的皮肤状态，最终采纳导购的意见。这些女性的逻辑非常简单：这个导购一直在用这套化妆品，她的皮肤很好，我也应该选择这款化妆品。其实，顾客在询问导购是否用过这款化妆品时，就已经陷入了经验思维。首先，顾客并没有亲眼见证导购每天都在使用这款化妆品；其次，顾客忽略了每个人的肤质是不同的，即使导购真的在使用这一款化妆品，也不意味着自己在使用之后，皮肤会变得和导购一样好。当然，有些导购没有销售经验，很有可能会说自己没有使用过这款化妆品。如此，导购就会失去顾客的信任，不管后面再怎么卖力地继续推销化妆品，都很难促使交易达成。

那么，经验究竟起到怎样的作用呢？在回答这个问题之前，我们必须先搞明白经验的本质和特性。唯有深入了解经验，知道经验的得来、形成，才能发挥经验的积极作用。

在美国，约翰创立了一家电子设备制造公司，公司规模不大也不小。因为生产成本连年提高，所以产品的定价也数次提高。最近，公司顺应潮流，推出了一款当下特别流行的电子产品，然而价格令人望而生畏，高达5000美元。这个时候，市面上其他企业生产的同类电子产品的价格开始跳水，有些产品的价格居然低至1000美元。在巨大的价格差异下，可想而知，消费者更加倾向于购买便宜的产品，而对约翰公司高达5000美元的电子产品毫无兴趣。

眼看着公司的产品就要被挤出市场，约翰心急如焚，号召市场部门想尽一切办法告诉消费者本公司的电子产品的优势，遗憾的是收效甚微。最终，销售部门的总经理无奈地向约翰汇报工作，说道："对消费者而言，产品的质量略好，并不足以使他们心甘情愿地多掏钱，所以我们要想在激烈的竞争中站稳脚跟，就必须尽快降低成本。否则，保持着高成本，却采取降价促销的策略，那么公司只会更快地破产。"

经理的话让约翰陷入沉思，他很快召集公司里的中高层管理人员开会。在这次会议上，约翰下达了终极命令："想尽一切办法降低该款电子产品的成本,一定要低于500美元。"此话一出,所有人都感到震惊。此前,这款产品的生产成本是1500美元,售价5000美元。现在,即使把成本降低到500美元,售价为2000美元,利润也少得可怜。关键是,根本不可能如此大幅度地缩减成本。看着大家愁眉苦脸的样子,约翰却无动于衷。后来,公司里的一位新员工制订了降低成本的方案。正当大家纷纷质疑时,约翰把该员工的方案发到所有管理者的邮箱中,管理者们不由得拍案叫好,也对该员工佩服得五体投地。原来,该员工采用了价格更低的新型材料,还削减了其他无关紧要零部件,或者更换了其他零部件。一旦打开了思路,大家发现原来有很多材料可以使用,因而把成本降到了450美元。

约翰当即下令推行这个方案,三个月后,随着公司的销售量与日俱增,公司终于渡过了难关,获得了重生。约翰也意识到这名新员工的可贵之处,通过观察,他发现该员工的确思维活泛,总能提出一些出人意料的优化方案,带动整个公司朝着更好的方向发展。才过去没多久,该员工就在约翰的亲自提拔下,三连跳成为了他的助理。

大文豪巴尔扎克曾经说过,正是适当的改革,才能使

○ 反惯性思维

所有的事物变得越来越完善。而一切改革都产生于创新性思维,也借助于创新性改变得以实现。如今,整个世界都日新月异,尤其是电子产品,虽然问世时是新款产品,领先于市面上的一切同类产品,但在一段时间之后,如果不能推陈出新、不断更新,就会被其他更有优势的产品取代。

细心的朋友们会发现,经验未必在所有领域都奏效。这是因为随着时间的推移和环境的改变,经验会过时,甚至成为禁锢和劣势。其中的道理很简单,一个人学习驾照,哪怕在练习的过程中非常熟练,从容自若,一旦开到真正的道路上,看着川流不息的车流,也会感到特别紧张,手忙脚乱,这是因为演习与实战终究是不同的。在演习中表现很好的战士,必须要去真正的战场上经受历练,才能说自己拥有了战争的经验。因而,不要恪守经验,打开思路,选择以各种新的方式应对挑战,这才是成长该有的态度。

在艺术领域,经验丰富的老画家很有可能表现得不如才入行几年的新画家,这是因为新画家不受经验的限制,所以可以大胆地发挥想象力,天马行空地进行绘画创作。写作也是如此。近年来,科幻类小说受到了很多人的关注。然而,固守经验是不可能成为科幻小说作家的,甚至连写实主义小说家都当不好。因为无论是科幻小说作家,还是写实主义小说家,都需要凭着想象力进行创作,才能给予文学作品以更加丰富的内涵和更加有血有肉的情节。如果不想被过去的经验限制,我们就必须跳出经验的怪圈,拥有时时更新的大脑。

○ 反惯性思维

不要把思考变得更复杂

现实生活中的很多问题其实并没有我们想象得那么复杂。在很多情况下，人们只是不知不觉地给思考筑起了墙，局限了自己的创造力和简化问题的能力，无形中把事情复杂化了。人们常说，杀鸡焉用牛刀，想法复杂的人恰恰喜欢"用牛刀杀鸡"，还擅长"架起高射炮打蚊子"。在他们的眼中，每一件事情都是琐碎且复杂的，都是难以解决且非常棘手的，都是天大的事情。在无限放大问题的同时，他们会贬低自己，认为自己难以只凭一己之力解决问题，这么想着，他们的内心也就懈怠了，不再积极地思考和行动。

人为地把问题复杂化，是解决问题的大忌。对本来能够直接解决的简单问题，一旦想得复杂，就会束手无措。我们固然要重视问题，慎重地思考问题，却不能犯过度的错误。一旦过度重视，把问题变得复杂，我们就会走向失败。古人云，凡事皆有度，这句话很有道理。只有适度重视问题，也端正解决问题的态度，才能寻找到有效的途径，在解决问题时取得立竿见影的效果。

要想避免把问题复杂化，首先要做的是不要先入为主地断定问题复杂。在解决问题的过程中，只有简化问题，才能从问题的薄弱处着手，击破问题。反之，如果复杂化问题，就会从一开始便采取艰难的方法，开展没有成效的思考。例如，钉钉子只需要锤子，偏偏有人想到钉子也许会断，锤子的头也许会掉，因而非要再准备多一份钉子和一把锤子才开工。这个时候，那些不假思索就开始行动的人，往往已经完成了钉钉子的任务。把问题复杂化，问题就会随着思虑越来越周全而变得前所未有的复杂。最终的结果是，我们非但没有因为完成了一项艰巨的任务而感动自己，反而无奈地选择了彻底放弃。和没有得到完美的结果相比，半途而废才是更可怕的。

张总多年一直在经营酒店。也许是因为客源稳定，也许是因为食物的味道非常好，酒店始终拥有极高的人气，每到节假日，吃饭是必然要排队的。这个时候，张总提出要开展其他业务，因而要从三个下属中选拔一个人担任酒店的总经理，全权负责酒店的运营。

听到有升职加薪的好机会，三个下属摩拳擦掌，跃跃欲试。他们之中，一个是客房部的主管马燕，一个是餐饮部的总

○ 反惯性思维

经理老王,还有一个是财务总监杜丽。

对这三个下属,张总很难取舍,因为他们十几年来一直跟着张总打拼,张总不舍得让任何人失望。如何才能找到合理的方法解决这个难题呢?张总绞尽脑汁,甚至还专门制作了表格对比这三个下属的优缺点,可是仍然毫无头绪。张总的头脑中始终有一个念头,即如果处理不慎,一个下属晋升,另外两个下属很有可能离职。张总还想起了古代《二桃杀三士》的故事,已经做好了最糟糕的准备,如果实在不行就再设置两个管理者的岗位,这样就可以不偏不倚地对待这三个人了。

在经过一番思考之后,张总还是拿不定主意,他决定出个难题考考这三个人,问道:"在这个世界上,是先有鸡还是先有蛋?"第一个下属毫不迟疑地选择了先有鸡,第二个下属不假思索地选择了先有蛋。张总听着他们的回答,眉头紧蹙着。这个时候,第三个下属气定神闲地说:"顾客想吃什么,就先有什么。"张总当即决定把酒店交给第三个下属负责。就这样,张总以一个看似简单的问题,了解了哪个下属每时每刻都在奉行顾客至上的原则,从而做出了选择。

通过故事中的问题,我们能看出在三个下属之中,谁真正地以务实为原则思考问题,谁又能真正地脚踏实地解决问题。一个人哪怕学识渊博，也应该始终以实际情境为起点解决问题。否则，思考就变成了形而上的工具，而失去了解决问题的意义。因此，我们必须坚持化繁为简的原则，面对复杂的事物，通过梳理脉络，总结主要观点，提出质疑，从而找到行之有效的方法分析和解决问题。

在复杂的情况下，唯一的出路就是简化思考，把问题复杂化只会降低效率。要想做到这一点，我们必须坚信没有任何事情是超乎预期的复杂。要想验证这一点，我们就要反其道而行，通过结果来考察事情的难易程度。在没有解决问题之前，因为有着先入为主的成见，担心问题太难无法解决，所以我们反而会暗示自己把问题想得复杂。在解决问题之后，我们会有一种豁然开朗的感觉，也认识到原来问题并不像我们想象中那么复杂。这也验证了一句话，当我们改变心态，端正态度，问题就会迎刃而解。

有些情况事发突然，会使当事人在极短的时间内就产生联想，既有意识地想到很多有关的方面，也无意识地想到很多无关的方面。此时，思绪纷飞，想法众多。然而，这并非是因为当事人不具备解决问题的能力，而是意味着当事人需要简化思维，从想得太多，到想得刚刚好，这是一种解决问题的智慧，也是一种为人处世的技巧。

反惯性思维

只有彻底摒弃复杂的思考，我们才能奉行简单的原则，做好每一件事情。在现实生活中，我们往往会有意识地寻找捷径，也希望能够以直截了当的方式，单刀直入地解决问题。从某种意义上来说，与其花费时间和精力思考和寻找捷径，不如戒掉急功近利的浮躁心，保留脚踏实地的平常心，真正去做些什么，以实际行动推动问题变得简单。

要想简化复杂的思考，就要保持单纯的路线。这是因为目标越单一，核心越明显，我们也就越能够集中所有的优势资源，全力以赴地解决核心问题。在这个世界上，不同的事物有不同的呈现方式，也有独属于自己的形态。但是，唯有简化思维才能提高行动的效率。需要注意的是，简单粗暴地删除不是简化，随心所欲地舍弃也不是简化。简化并不意味着标准答案是单一的，精确和模糊有时是可以互相转化的，简单和复杂也是可以互相转化的。人们常说要因地制宜，其实解决难题也要因人制宜，根据不同的对象选择最合适的解决方法。需要始终牢记的是，过程的简化也是一种简化，而且是必不可少的简化。

让头脑学会拐弯

面对无法解决的僵局时,我们是选择改变思路,还是选择与僵局较劲呢?面对这个问题,大多数人都会毫不迟疑地选择前者,但在生活和工作的过程中,每当遇到看似无解的问题,很多人都会在无意识的状态下与僵局较劲。对这样的人,我们将其称为"一根筋""死脑筋"。虽然这样的称呼不好听,但有很多人都不同程度地与这样的称呼沾上了边,这使得他们面对问题进入了死胡同,不管怎么绞尽脑汁都无法化解困境,无法解决难题。

其实,在很多情况下,只要换一个角度看待问题,就会有新的发现,也会形成新的思路。这是因为换个角度就能带来新的机会,而新的机会让我们在苦思冥想之中豁然开朗,这就是让头脑拐弯的好处。说起有些人的头脑不会拐弯,大家都会感到疑惑:大脑的思维又不是一种坚硬的实体,怎么能不会拐弯呢?只要拥有人际相处的经验,大家就会明白一个残酷的事实,即改变想法是世界上最容易的事情,同时也是最难以实现的事情。很多人用"倔驴"形容那些头脑不会拐弯的人，就是因为他们固执己见、执迷不悟，听不进去任何劝说，也不愿意做出一切形式的改变。无疑，这只会让头脑彻底僵化，难以解决问题。

　　头脑不会拐弯，不但不利于解决问题，还会给解决问题形成各种障碍，最重要的是，还会让当事人眼睁睁地看着机会从眼前溜走。曾经盘旋在我们头脑中的各种想法就像是铜墙铁壁，把大脑密不透风地围起来，使我们进入了死胡同。显然，打破铜墙铁壁并不是一件容易的事情，最重要的是忘记曾经的经验，忘记过来人的教诲，忘记错误的方向和目标。如果主观上不能做到这些，就需要我们离开此前所在的地方，站到另一个地方，用崭新的视角再次审视问题、分析问题、解决问题。在心理学领域，很多专家学者都号召我们形成发散性思维，即从多角度观察和思考问题，这样就能得到更多的线索，也有可能找到更多的解决方案。就像很多人学习素描，在同一间画室里，面对同一座雕塑，不同的同学画的素描作品却是不同的。对各种问题，我们也要用细致入微的方式进行观察，这样才能把握所有的细节，进行最细致的描摹。

　　当我们坚持以多视角观察问题、分析问题，就会被激发创新性，以极强的创新意识解决问题，这么做往往会给我们带

第03章 突破思维定式，坚持创新思考

来惊喜。

无疑，突破思维的惯性是很难的。如果孩子从小就接受循规蹈矩的教育，一旦遇到问题就会条件反射般地墨守成规。作为父母，要在孩子很小的时候就开始培养孩子的创新思维，以免孩子形成思维的壁垒。作为成人，面对思维的惯性，则要有意识地打破惯性，才能有所创新，这需要漫长的时间。越是尽早培养创造性思维，效果就越好；越是长时间地培养创造性思维，效果就越显著。哪怕是在看到这段文字的这一刻，你才意识到自己也存在惯性思维也没关系，就从此刻开始改变吧，因为改变永远都不迟。

在全世界范围内，希尔顿酒店都是极具影响力的。康拉德·希尔顿是希尔顿酒店的创始人，他有着独到的创新性思维。他曾经说过，价值10.5美元的马蹄铁只需要价值5美元的生铁作为原材料，价值3000多美元的工业磁针也只需要价值5美元的生铁作为原材料，价值高达25万美元的手表发条同样只需要价值5美元的生铁作为原材料。这就是创新产生的价值。

事物本身的价值，并不能决定用它创造的产品的价值，因为产品的价值只在很小比例上取决于事物本身的价值，而在很大程度上取决于产品的附加价值。作为贵金属的黄金在摇身一变成为装饰品之后，就成为了高贵的象征，所以具有了重要

的使用意义,价值自然水涨船高。再如钻石,作为一种稀少的矿物,在被冠以"钻石恒久远,一颗永流传"的真爱意义后,受到了无数情侣的追捧。在商业领域中,大多数人要想通过抓住商机的方式获得巨额利润,就必须学会转变思维。有些人哪怕起点很低,也能凭着金点子收获人生中的第一桶金,让人生如同长出翅膀般一飞冲天。

每个人的身边都潜藏着各种各样的机会,能否做好准备抓住这些机会,能否全力以赴借势成功,这是需要我们用心思考的。只有形成开阔的眼界,以创造性的眼光看待周围的人和事,才能甄别机会,把握机会,让机会在我们的生命中绽放光彩。

收纳与整理的创新思维

人的大脑就像是一个宝库,有无穷无尽的容量。每时每刻,我们的大脑都在高速运转,产生千奇百怪的想法,储存通过各种渠道积累的经验,搜集和整理不同的信息。在大脑中还有一只无形的抓手,那就是思维能力。在大脑保持高速运转时,思维能力会从中抓取需要的信息和经验,并整合起来深入思考,这样才能形成逻辑思考力,才能全面衡量和研判,从而驱使我们做出具体的行动。有一点是可以想象的,即在世界上最大的图书馆——大脑中,如果我们对各种信息不加筛选和整理,没有分门别类地存放,那么到了需要调取这些信息的时候,我们就很难第一时间回忆起这些信息究竟储存在哪里,究竟能起到怎样的作用。

很多人都去过图书馆,越是大型的图书馆,越是需要把书籍分类摆放,才便于查找。如今很多图书馆都采用电脑录入的方式,令寻找某一本书变得更加方便快捷。看到这里,很多朋友也许会想:如果我们的大脑也和超大型图书馆一样能储存

○ 反惯性思维

海量信息，并且能够在需要的情况下当即调取相关信息，那就太方便了。这并非不可能实现，其实人工智能发展至今仍然比不上真正的人类智能，只要我们充分调动自身的能力，发掘自身的潜能，就可以让自己的大脑变得更加灵活，也能无限度地拓宽大脑的存储容量。

虽然不知道在整理之后，大脑中的信息将会呈现出什么模样，但有一点是毋庸置疑的，即如果不整理大脑里的信息，思维就会变得很随意，也茫无头绪。在整理的时候，还要进行创造性整理，否则，我们就无法借助于整理的机会记录那些一闪而过的好想法，也就不可能把这些好想法变成现实。由此可见，有创造性地整理大脑中的各种信息，是把闪光的想法变成现实的关键和前提条件。

在生活中，很多人都有这样的感触，即脑海中突然灵光乍现，想出了一个好主意，马上就会很激动，似乎下一刻就想把这个主意变现。但是，这样的亢奋状态只能维持很短暂的时间，这种想法不久就会消散，由此带来的热情也会渐渐冷却。等到一觉醒来，我们甚至不能完整地回忆起这个想法，更不知道这个想法在不久之前为何能让自己心潮澎湃，让自己无法控制地激动不安。毫无疑问，这个想法失去了价值和意义，在漫长的人生中，它很有可能不会再以灵感的形式光顾我们的大脑。

在所有的大学同学中，时光也许是以最短时间获得千万资本的第一人。他赚钱的方式与众不同，尽管也是一毕业就开公司，带着屈指可数的几个人跌跌撞撞一路努力，但是他的成长速度很快。和大多数老板都对员工严格要求，并强制员工贯彻执行自己的决策不同，时光始终鼓励员工提出自己的好创意和创新性见解。在他的号召下，所有的员工不管手里正在做什么，也不管夜已经多深了，只要有灵光闪现，就会马上记录下来。如果情况允许，就会当即讨论；如果情况不允许，也会想办法尽快讨论。

在每周的例会上，时光很少说不相干的事情，而是把宝贵的集体时间用于深入讨论。大家随心所欲地表达，不管从哪个角度发表意见都不会被批评和反驳。如果提出的创意被采纳，提出创意的人就会得到高额奖金，如果该创意能为公司创造利润，提出创意的人还会持续得到利润分成。正是这样的制度，让全公司的人都集思广益，人人都把公司当成自己的家，把自己当成是公司的老板之一，最大限度地挖掘了员工的主观能动性，让员工发挥无限创意。因此，自从开办公司之后，时光从未错过任何有价值的创意，整个公司都焕发出蓬勃的创新力和生命力。

○ 反惯性思维

对一切形式的组织机构而言，人才是生存的根本；而对人而言，创新的意识和思维才是最宝贵的。很多组织机构以死板的教条和僵化的规定限制和制约人，恰恰扼杀了人的主动性和创新性，这与企业经营的理念是相违背的。从上述事例可以看出，时光正是带领所有员工，以整理思维的方式，开发和释放出了头脑的无限创造力，也正是因为如此，他们才能最大限度地开发所有的想法。

在经过整理之后，曾经那些不起眼的想法实现了华丽的变身，创造出令人喜出望外的价值。与这些不经意闪现在人们心头的想法相比，很多项目尽管是相关人员经过考察和精心设计才提出的，却明显缺乏想象力和创造力，也就发展乏力，无法取得预期的效果。

在人类的大脑中，创造性的思维整理，如同一座专门提炼信息的工厂，主要的职责就是整理和加工信息，主要的工作对象就是那些很难与外界各种事物产生联系的记忆因素。在经过提炼、研究和打磨之后，该工厂将所有的记忆因素随机整合，整合的依据是天马行动的想象力，所以整合的结果是形成新的形象或者是概念，最终达到令人耳目一新的效果。

毫无疑问，这个过程是很漫长的，也是很艰难的。必须具有极强的想象力，还要以推理能力、直觉判断能力、论证能力等各种形式的思维活动作为支持,才能重组原本毫无联系的事物。当然,这么做的前提是要保持整理的好习惯,这样才能彻底改变传统观念,形成创新性思维。尤其是想法在头脑中灵光乍现时,一定要及时记忆和储存,这样一来,我们的大脑宝库中才会积累更多的素材。

○ 反惯性思维

坚持进行创造性思考

曾经有哲人说过,对大自然和人类自身,人类始终怀有强烈的好奇心,所以才会在好奇心的驱使下不知疲倦地探索世界。这意味着需求催生了求知欲,如果人类在精神层面上没有任何需求,就不会主动自发地认知世界,更不会全力以赴地探索世界。在某种意义上,人类之所以坚持求知,恰恰是为了"无中生有",所以我们必须致力于培养求知欲,才能获得创造性。例如,很多孩子都喜欢看《十万个为什么》,是因为《十万个为什么》能够帮助他们解答心中的疑惑,让他们了解和学习更多知识。其实,人生中还有很多个为什么等着我们去发问,去解答。我们可以用对自己提问的方式,激发自己的好奇心和求知欲,这种方法简便易行,效果也很显著。

大多数人对自身不感兴趣的问题,都不愿意积极探索和解答,只有对自己感兴趣的问题,才会产生强烈的兴趣,也才会主动自发进行探索。当然,培养求知欲并不是一件容易的事情,也不可能一蹴而就。求知欲不是天生的,而是要在后天成长的过程中，通过长期坚持对自己提问，激发自己的好奇心才能产生的。例如，很多父母都为孩子在学习上的表现平平而烦恼，却忽略了激发孩子对知识的渴求，这就使父母不得不逼迫孩子学习，而孩子又不喜欢被强迫。如果父母能够调整思维，改变方式，从逼迫孩子学习，到激发孩子的求知欲，使孩子主动自发地学习，孩子在学习上就会表现出全新的状态，也会有更多的收获。孩子摆脱了被迫学习的状态，从依靠惯性为自己提供动力，到内心深处产生源源不断的动力，就会在兴趣的驱使下对更多的领域产生好奇，最终达到理想的学习状态，既认为求知是人生的需求，也真正爱上思考，爱上学习。

在社会漫长的演变过程中，自从有了人类文明，思考与创造就成为了常态。在远古时代，燧人氏钻木取火，结束了茹毛饮血的野蛮生活；在现代社会，人工智能不断发展和进化，推动生产生活以前所未有的速度飞快地向前发展，也带动人类文明达到有史以来最鼎盛的繁荣状态。人类历史中的大事件都离不开思考与创新，可以说，人类文明的发展离不开任何微不足道的思考和创新。

正是因为人始终坚持高效思考，才会不断地催生新事物。例如，为了从烹饪中解放双手，人类发明了各种方便快

反惯性思维

捷的厨房小家电；为了从打扫中解放双手，人类发明了扫地机；为了从流水生产线上解放双手，人类发明了各种全自动机器，如今已经可以满足不同领域的自动化生产需求。总之，如果人类始终没有想过要以高效便捷为目标进行革新，就不可能实现高效便捷，更不可能坚持创造性思考。

从前，在一个偏远的国家中，有两个木匠。他们都非常优秀，技艺高超，不分伯仲。年纪略大的木匠被称为大木匠，年纪略小的木匠被称为小木匠。

有一天，国王突然产生了一个想法，即让这两个木匠比试比试，看看谁的技艺更高一筹。因此，国王下令，只给他们三天时间，他们必须各自雕刻一只老鼠，谁的老鼠活灵活现，能够以假乱真，就给谁奖励，而且从国家层面认证他是手艺最好的木匠。国王给出的承诺非常诱人，两个木匠都想得到奖励和认证。

很快就到了上交作品的日子，两个木匠都没有延误片刻，按时上交了自己的作品。国王提前召集了所有大臣，希望大家能够公平公正地评审。只见大木匠雕刻的老鼠非常生动，看起来就像是一只真正的老鼠，仿佛眼珠子都会滴溜溜地转动。国王和大臣们连连赞叹，认为最佳木匠非大木匠莫属。随后，轮到小木匠了，小木匠雕刻的老鼠非常粗糙，一点儿都不精细。为此，国王和大臣们一致认为大木匠获胜，这个时候，小木匠愤愤不平地提议："这不公平，我们是人类，很少和老鼠打交道。我觉得必须再请一位特别的评审，那就是猫，因为老鼠雕刻得像不像，猫是最有发言权的。"国王认为小木匠的提议很有道理，当即命人送来几只猫。令大家都感到惊讶的是，猫才刚刚被松开，就猛地扑向小木匠雕刻的老鼠。哪怕换了一批又一批猫，这一点都从未改变。

最终，国王和大臣只好评判小木匠的老鼠获胜。就这样，小木匠不但获得了奖励，还得到了"全国最佳木匠"的至高荣誉。对小木匠的获胜，大木匠也很不服气，但是他不敢表现。直到离开皇宫，大木匠才问小木匠："你雕刻的老鼠外形粗糙，你很清楚这一点。现在你已经得到了奖励和荣誉，我希望你能说出真相。"小木匠笑起来，说："当然，明眼人都能看出你雕刻的老鼠更好。遗憾的是，猫评审们更喜欢鱼骨的味道，而不喜欢木头的清香。"原来，小木匠为了吸引猫，用鱼骨当原材料雕刻了老鼠。

尽管小木匠以投机取巧的方式获得了胜利，但不得不承认的是他很聪明，很擅长发挥创造性思维。他放弃了人们习惯

○ 反惯性思维

运用的常识思维，没有纠结自己的雕塑像不像老鼠，也放弃迎合裁判的标准，而是直接考虑满足猫的需求。

每个人都要加强后天训练和能力培养，才能渐渐形成创造性思维。大名鼎鼎的戏剧大师卓别林曾经说过，每个人每天都要练习思考，就像音乐家每天都需要弹奏钢琴或者拉小提琴。我们要打开思路，从不同的领域出发，解锁自己的思维，还要致力于培养自己的想象力，使想象力达到天马行空的程度，才能真正做到突破常规，无拘无束。

第04章

突破从众心理，坚持独特思考

人不是无所不能的神，没有人能保证自己提出的意见都是正确的。从本质上来说，意见正确与否并非是最重要的，关键是要考察自己能否坚持独立思考，能否避免被大多数人所影响。

不理性的群体助长自负心理

现代社会中，几乎人人都有几个微信群，他们或者是组建群的人，或者是群成员之一。这些群有不同的主题和作用，如孩子上学的群、单位中小规模合作团队的群、服务客户的群等，还有小家庭群和大家庭群。因为群各不相同，所以每个人在群里扮演的角色也是不同的。需要注意的是，在群里发言尽管通常都能得到积极的回应，但是如果没有经过慎重思考就轻率地发言，很有可能会带偏讨论的方向，使一个小小的问题被群里其他成员七嘴八舌地讨论、剖析，事情变得越来越严重。

在《乌合之众》中，法国著名的社会学家勒庞写道："群体并不善于推理，却急迫地想要开展行动。它们从当下的组织中获得巨大的力量。我们目睹那些教条从无到有，也将会亲眼见证那些教条渐渐变得和旧式教条一样具有威力。换言之，这些教条将具有蛮横霸道、不容讨论的强大力量。"通过这段话，勒庞描述了集体思维的两个特点，一个是自负，另一个是狂热。

他认为，大多数个体在参与集体之后就会在不知不觉间丧失自我意识，这是因为他们受到群体思维的压迫，从理性变得盲目，从镇定变得冲动，从谦虚变得自负。在这种情况下，他只是作为集体中的一员进行思考，变成了群体思考的附和者而不是思考的主体。很多人明知道群体内的某种观点未必正确，却因为担心会被其他成员排斥和抗拒，只能选择随大流。殊不知，真理未必都掌握在多数人手中，在特殊情况下，是少数人掌握着真理。

然而，要想作为坚定不移的发声者是很难的。这是因为在群体生活中，随时随地都在发生形形色色的无意识行为，有的成员低调内敛，有的成员高调张扬；有的成员好大喜功，有的成员忐忑不安。在大多数人占据主要观点的群体中，我们失去了独立思考能力，也就不能基于理性做出客观公允的判断，这使我们无暇思考，只能被动地表达集体意志。这将会严重地影响群体思考，影响群体在关键时刻做出的决定。在这样的状态下，成员不再是独立的生命个体，而变成了群体的附庸，不再拥有独立的思想和意志，而迷失在群体的主流思想中。在某种意义上，生命个体成为了群体的提线木偶，这使他们冲动、自负，常常会做出让自己懊悔的举动。

第04章 突破从众心理,坚持独特思考

当今社会,很多人当一天和尚撞一天钟,对人生抱着敷衍了事、得过且过的态度,从未认真思考自己想要怎样的人生,更不曾确定自己的人生目标。尽管大多数人不愿意承认自己正处于这样浑浑噩噩的状态中,但事实却是不容置疑的。

其实,要想明确这一点,只需要询问自己一个问题就能明了,即在生命的历程中,有没有什么东西是你即使被生活困境碾压也不愿意放弃的,是你哪怕没有回报也心甘情愿坚持去做的。如果没有,则说明你已经迷失在人生的旅途之中;如果有,那么恭喜你找到了人生奋斗的目标和意义,也找到了自己执着追寻和坚持的正确方向。

大多数职场人士都有不同阶段的工作目标,并以此指引和激励自己坚持不懈地努力。和工作目标相比,人生目标往往是每个人的真正兴趣和愿意始终坚持做的事情。正是因为人生目标的独特性,所以很多人一旦忙于工作,就会误认为即使没有人生目标也没关系。如果说工作目标是更加现实和功利的,那么人生目标就是更加纯粹的。每个人生存的意义,恰恰在于这些纯粹的目标。一旦实现了这些目标,我们就会感受到真正的幸福和满足,也会觉得一生值得。此外,在群体生活中,只有确立了人生目标的人,才能避免盲目从众的行为,笃定自己的内心,坚持做最真实的自己。即使群体的思想潮流具

有强大的引领作用，他们也能看到群体之外的广阔世界，坚持初心。由此可见，每个人要想获得幸福，只有工作目标是远远不够的，还要有人生目标，才能距离幸福越来越近。

在这个世界上，能做自己喜欢的事情，把工作目标和人生目标合二为一的人只是极少数。大多数人都只是将工作作为谋生的手段，在坚持工作的过程中强迫自己适应工作。这些人难道没有人生目标吗？当然不是。他们有属于自己的人生目标，只是为了生存而不得不搁置，转而做能够帮助自己换取报酬的工作。这就是人生的无奈。

随着年纪不断增长，肩膀上的担子越来越沉重，他们渴望赚更多的钱，这样才能让家庭过上好日子，改善各个方面的条件。人人都心甘情愿地扛起这个责任，因为社会上的大多数人都是这么做的，也都正过着这样的人生。这何尝不是一种从众的行为和表现呢？现代社会中，很多年轻人既不想结婚，也不想生孩子，却因为选择了单身的道路而成为众矢之的。每当节假日回家，他们就会被父母和亲戚催婚，身边的朋友和同事也对他们另眼相看，这使他们恨不得躲藏到任何人都看不见的地方。在某种意义上，这也是从众心理在发挥作用。虽然他们本身不愿意这样做，但是他们身边有很多人都热衷于从众，并且以大多数人的表现作为约束他们的教条主义。换言之，这种思维惯性具有社会性，也具有大众性。

为了避免盲目从众，我们首先要确定清晰的人生目标，这样的人生目标应该完全属于我们自己，不受大众的影响。在实现目标的过程中，还要避免与他人的目标比较。在此过程中，我们要明确自己喜欢做什么，也要明确自己最关注的是什么，还要明确自己想要心甘情愿地做什么，擅长做什么。可以自己列举出如果不做就会给人生留下遗憾的事情，只要认真观察这张清单，你就会发现自己的天赋。接下来要做的事情就是发挥天赋，让自己在擅长的领域中如鱼得水。

○ 反惯性思维

焦虑的人更容易冲动

和愤怒、暴躁等剧烈的情绪相比，焦虑是比较缓和的一种情绪，很少会在短时间内以爆发的方式呈现。然而，也正是因为如此，焦虑情绪才会隐匿得很深，通常情况下，人们很难像觉察愤怒、暴躁等情绪一样觉察出焦虑情绪。有些人长期陷于焦虑情绪中，总是隐隐约约地感到紧张、担忧等，却丝毫不自知。如果这种负面的情绪状态维持很长时间，就会导致人陷入忧伤抑郁之中无法自拔，时间长了就会诱发心理疾病。现代社会中，很多人都承受着巨大的生存压力，面临着各种生存的困境，这也合理解释了为何现代人的情绪问题频发，心理状态堪忧。

随着网络的普及，原本只在电视、报纸等传统媒体上出现的广告，如今在网络上也大有铺天盖地的趋势。在观看以各种形式呈现的广告时，细心的朋友们会发现，有些广告为了起到更好的宣传效果，还会在一定程度上夸大产品的价值或者功效，我们只能用自己的火眼金睛甄别。难道广告是商家缺乏诚信的证据吗？当然不是。广告确实在一定的范围内有所夸大，但这个范围是不违反法律和道德的。从心理学的角度来说，商家只是想利用我们的情绪，吸引我们的关注。这是因为情绪具有诱导的作用，能让我们对产品产生信任，也愿意购买产品，从而更进一步地验证产品的功能或者价值。一言以蔽之，商家在贩卖焦虑。例如，销售保健品的商家，贩卖了人们对健康的焦虑；销售学区房的商家，贩卖了父母们对孩子教育问题的焦虑；从事旅游业的商家，贩卖了当代人想要逃离都市生活，暂时寻找心灵栖息的焦虑；从事保险业务的商家，贩卖了人们对未来的担忧和焦虑……总之，不同的焦虑会促使相关的人群冲动地做出一些购买决策。

消费者正是因为受到商家的情绪控制，才会做出有偏差的价值判断，在这样的状态下，商家无须过度催促消费者做出购买决策，消费者就会主动下定决心购买，也会从各个方面说服自己做出购买决策。正是因为如此，很多人的家里才会堆放着许多压根用不到的物品，这些物品中不乏价值昂贵的物品。很多消费者戏谑自己购买这些价值昂贵且无用的商品，纯粹是缴了智商税，他们哪里知道自己只是被商家调动起了焦虑的情绪，因而冲动地购买了原本不在计划之内的物品。

在日常生活中，人人都需要购物，因而在购物方面"踩

○ 反惯性思维

雷"是最常见的事情。很多人等到事后冷静了,完全不明白自己当时为何会稀里糊涂地买了,而现在却觉得这件物品完全可有可无,形同鸡肋。除了受到情绪影响,还有一个重要的原因,就是从众。很多人都会在无意识的状态下,以惯性的大众化认知为基础,认为既然大多数人都选择购买这一件商品,那么自己也应该抓住这个千载难逢的好机会,不能错过。如此一来,就会更加冲动行事,当即决定购买,生怕错过这件商品。在这个意义上,营销打的是心理战,而作为消费者,则要控制好自己的情绪,才能避免冲动行事。

冲动购物的消费者,原本应该在做出购买决策之前考察产品的价格、质量、性能、用途等,却因为一时冲动购买了产品,直到回到家里之后,才从自身的实际需求出发,全面地考量产品。经过一番慎重的思考,他们得出的结论是令人沮丧的,他们或者认为自己盲目购买了一件压根派不上用途的产品,或者认为产品的价格还应该更低才合理。看着自己干瘪的钱包,看着闲置的商品,他们顿时感到很沮丧,也忍不住陷入懊悔自责的负面情绪中。

每时每刻,都有人因为自己购买了价格昂贵或者毫无用处的商品而懊悔,有的人甚至会数次指责自己冲动消费。然而,哪怕这一次我们信誓旦旦地保证再也不犯同样的错误,等

第04章 突破从众心理，坚持独特思考

到下次被营销广告调动起情绪时，我们还是会情不自禁地购买。正因为如此，现实中才有无数"剁手党"。

最近，刘丹因为家庭经济危机，一直在与丈夫晓枫闹矛盾。在最后的这次争吵中，刘丹无奈地提出了离婚，此后她再也不愿意和晓枫沟通，而是起草了离婚协议。晓枫究竟做了什么，居然让刘丹如此心灰意冷，坚定了离婚的心意呢？原来，半年以来，在酒店工作的晓枫收入锐减，持续半年都入不敷出。如今，他们只能靠着透支信用卡弥补每个月的亏空。在如此严峻的情况下，晓枫居然瞒着刘丹，向银行贷款购买了一辆十几万的汽车，每个月都需要还款几千元。这就像是最后一根稻草，彻底压倒了刘丹，她愤怒地喊道："这半年来家里的日子是怎么过的，难道你不知道吗？你居然还贷款买车，你早就该喝西北风了。既然你不想过了，咱们就离婚吧，把房子卖掉，各奔东西。"

听刘丹的叙述，家里的经济状况的确堪忧，而晓枫的行为无异于雪上加霜。其实，晓枫也很苦恼，更是感到特别懊悔。他知道最近半年都靠着妻子辛苦工作才勉强支撑，自己却无法控制想买一辆汽车的冲动。他寝食不安，直到购买了汽车，才从热切的期望转化为无尽的懊悔。如今，汽车已经买

○ 反惯性思维

了,没办法退货了,银行的贷款必须按月还。晓枫知道刘丹在担心什么,只好向刘丹保证:"放心吧,老婆,我知道我不该买车,不过我有了好主意。近期酒店的生意不好,我不如利用周末休息的时间跑网约车吧,我保证用额外的收入还月供。"在晓枫的再三保证下,刘丹才答应再给晓枫一次机会好好表现。

对有些人而言,购物就像是一种发泄负面情绪的渠道,能够帮助他们平复波澜起伏的情绪。然而,处于这样的状态中,他们失去了理智的判断力,因而陷入了持续购物的怪圈之中无法自拔。

在社会中,和男性相比,大多数女性具有更强烈的购物冲动。有时候,她们不得不与自己展开一场意志力的斗争,才能战胜购物的欲望。从心理学的角度分析,购物之所以成为顽固的行为模式,是因为人类大脑中的奖赏系统正在发挥重要的作用,使人被蒙蔽眼睛,忽略成本,甚至忽略有可能存在的风险。在这种情况下,人类大脑中的疼痛系统功能减弱。原本,奖赏系统与疼痛系统就像天平的两端,处于平衡状态,此刻却完全倾倒向奖赏系统。正因为如此,人类才会失去理智,冲动地完成购买行为。

为了激活疼痛系统，让疼痛系统恢复制衡奖赏系统的能力，与奖赏系统处于平衡状态，可以采取一些具体措施。例如，尽量不要使用电子支付或者是信用卡支付，而是使用现金支付。当亲眼看到一大摞钞票进入了他人的口袋，我们一定会心如刀割。或者对不可遏制的购买冲动，可以展开想象力，幻想日后后悔的场景，这样就会感到兴致索然。正如人们常说，冲动是魔鬼。既然如此，每当意识到自己很冲动时，不如给自己十分钟的时间保持冷静，恢复理智，也许只需要十分钟，我们的想法就会有所改变。

● 反惯性思维

坚持批判性思维

对于学习，很多人都进入了一个误区，即采取填鸭式的方法硬塞给自己很多知识，仿佛自己的大脑就是一个专门用来存储知识的仓库。而他们在接受了大量知识之后，却没有深入地理解和灵活地运用这些知识，也就无法学以致用，切实用于全面分析和彻底解决问题。有一点毋庸置疑，即一个人即使掌握了海量知识，也未必能够随机应变地运用知识；反之，一个人哪怕只知道相关领域的皮毛，只要能够把粗浅的知识与解决实际问题联系起来，就能有效地解决问题。这意味着，知识量和学以致用之间并没有必然的正比例关系。具体而言，则意味着一个人即使掌握很多知识，也未必能够对其加以运用，更未必能够增强自身的逻辑思维能力。

必须假以时日，我们才能通过坚持思维锻炼的方式形成批判性思维。具体来说，就是要学会提出问题，反思各种现象，针对问题进行总结，能够随机应变地调整思路，改变思维和行为模式。如此，我们才能避免遵循惯性延续当前的状态，也才能学会审视周围的人和事，开展一段崭新的人生历程。

20世纪70年代，美国兴起了批判主义思维的热潮。很快，批判主义思维流传到全世界。从此之后，在世界范围内，各个国家、各个行业、各个民族的人都很重视发展思维能力，也通过全面思考和深入分析，试图进行具有前瞻性的预判。遗憾的是，真正形成批判性思维的人却少之又少，在一家人数多达四五百人的企业中，甚至没有任何人符合批判性思维的要求。越来越多的人渐渐产生了担忧，很多平台都对批判性思维进行了争辩。若干国家甚至发现年轻人的思维能力越来越弱，这究竟是为什么呢？其实，这是因为长久的填鸭式教育，使年轻人习惯于被动地接受知识，在准确识记老师加工过的知识之后，他们自以为完成了学习的任务，因而对学习十分懈怠。即使是对那些流于表面的问题，学生也习惯于接收老师的解答，而不愿意开动脑筋认真思考属于自己的答案。如此一来，在面对从未遇到过的难题时，他们更是遵循思维定式，满足于以常识敷衍了事。在这样的状态下，学生当然不可能发展出批判性思维，这直接导致他们的学习状态和成长状态极其糟糕。

古人云，授人以鱼不如授人以渔，这句话告诉我们，与其把鱼送给他人吃，不如教会他人捕鱼的方法，这样他人才

● 反惯性思维

能钓到更多鱼,吃到更多鱼。要想从小培养孩子的批判性思维,就要从教育抓起。作为老师,应该坚持授人以鱼不如授人以渔的原则,教会孩子学习的方法和思路,让孩子在学习的道路上找到属于自己的方向。

世界是瞬息万变的,每个人都会面对各种各样的问题,有些问题是前所未有的,所以没有先例可以参照;有些问题是稀奇古怪的,必须打破僵化思维的怪圈才能找到解题思路;有些问题看似是老生常谈,实际上却需要用新鲜的观点和理念才能解答……总之,世界处于瞬息万变之中,存在于世界的人和事物,以及由人和事物构成的各种情况也是不断发展和变化的。每个人唯有坚持更新思想观念,保持与时俱进的状态,才能活学活用知识,以创新的方法对各种问题,兵来将挡,水来土掩。

作为一名全职妈妈,江月自从结婚之后就留在家里,照顾家庭,孕育孩子。等到孩子出生,她更是全身心地扑在孩子身上,每天忙忙碌碌,根本没有心思考虑重返职场的事情。对此,妈妈几次三番提醒江月不要把人生所有的希望都押在丈夫和孩子身上,要有属于自己的工作和事业,才能真正独立。对此,江月却不以为然:"我都结婚了,夫妻当然要齐心协力。我们只是分工不同，不存在谁养着谁的问题。我相信，我的付出都是被认可的。"

转眼之间，孩子7岁了，江月也已经35岁。正在此时，江月发现丈夫有了微妙的变化。此前，丈夫总是极力劝说江月留在家里，总认为江月对这个家的贡献是最大的。现在，丈夫回到家里就愁眉不展，还常常乱发脾气；如果饭菜不合口味，还会挑剔饭菜，指责江月连家都照顾不好，江月越来越委屈。她痛定思痛，终于意识到当初妈妈劝说她的话都是很有道理的，为此懊悔不已。幸运的是，她才35岁，虽然比起当初已经晚了好几年，可只要意识到问题的存在，还是可以积极改变的。因此，江月趁着孩子上一年级，再也不顾丈夫的劝阻，毅然决然地重新走上了社会。脱离社会将近十年，江月这才意识到自己已经与社会脱节了。她只好从最基础的工作开始干起，当一个小文员，每天面对着干不完的杂活。她不但工作忙碌，而且下班之后还要去托管班接孩子，买菜做饭。每天江月都觉得特别累，但也感到很充实。坚持了三年，孩子升入小学四年级，可以独立上学和放学了，江月在工作上也有了起色，这才苦尽甘来。

如果没有反省自己，只怕江月现在还留在家里，过着伸

○ 反惯性思维

手和丈夫要钱的生活。幸好江月在觉察到丈夫的变化之后，及时地想到了妈妈对她的提醒和劝说，也对自己现在的生活进行了反思。只要开始，任何时候都不算晚。相信在重新走上社会之后，江月不但会改变自己的人生，也会改变整个家庭的状态。

面对问题，很多人都习惯向外寻找原因，而忽略了对自我的反思。任何问题产生的根源，绝不仅是外部或者内部原因，而是外部和内部原因综合作用的结果。面对不如意的现状，与其怨声载道，不如积极地行动，当机立断地做出改变，这样才能找到突破点和生机。养成行动的习惯很难，相比之下，养成思维的习惯更难。人都有条件反射，面对突如其来的各种人生状况，固有的经验会在第一时间一跃而出，我们要彻底消除这些经验的影响，才能发展批判性思维，坚持自我反思，坚持创新和改变。

逆向思考，有助于正确决策

先分析原因，再推断会导致怎样的结果，这就是正向思考。与正向思考相对的就是倒因为果的思维方式。具体而言，它与传统的思维模式不同，是从结果逆向推理，从而追溯原因。

例如，宋朝年间，天花盛行。这个时候，有个医生灵机一动，从试图抑制和消除天花病毒，转化为以毒攻毒。他搜集了天花病人的痘痂，将其研磨成细腻的粉末，再让天花患者通过鼻腔吸入。出人意料的是，这种以毒攻毒的方法效果显著，很快，全世界都开始使用这种方法。1798年，英国医生琴纳根据以毒攻毒的原理，发明了牛痘接种法，最终消灭了天花。不管是宋朝的医生，还是英国的医生琴纳，都是反其道而行，运用免疫机制对抗天花病毒，最终成功对抗天花病毒。

在面对很多事情时，都可以采取以毒攻毒的方法，达到预期的效果。人们在做很多事情的时候都以结果为导向，为了达到预期的目的，采取相应的行动。然而，如果结果变成现

○ 反惯性思维

实，我们也就别无选择，只能做出唯一的选择，那就是促成结果的选择。

在思考问题的过程中，我们应该渐渐形成逆向思维，即换一个完全相反的角度思考问题，斟酌问题，并推动问题朝着我们想要的方向不断发展。很多经验丰富的刑警在审问犯人时，往往不会劝说犯人坦白从宽，而是会直接说出一个错误的判断，从而诱导犯人以真相为自己辩解。如此一来，警察也就能轻而易举地获悉真相，了解真相。其实，很多犯人在拒绝认罪之前是有心理防线的，一旦被攻破，就会全线崩溃。采取逆向思维不但能够在最短的时间内获得真相的蛛丝马迹，而且对推动整个案件的侦破都是极有好处的。

在炎热的夏季里，很多山林都会起火。当火势凶猛，无法及时扑灭时，经验丰富的消防员就会构筑防火墙，即在大火外围通过砍伐树木，形成一段空缺地带。当火势蔓延到空缺地带时，因为没有树木供给燃烧，火势就会越来越小，直到熄灭。如果当时的风势有利，他们还会在构筑防火的空缺地带之后，朝着大火点燃大火，让两股大火狭路相逢。等到把可燃物都烧光了，火也就自然而然地熄灭了。总之，逆向思维是一种生存的本领，尤其适合在逆境中求生的情况。哪怕自己深陷绝境，只要运用逆向思维，就能找到新的生机和出路。

众所周知，商场如战场。在商场上，同行之间的竞争是非常激烈的，如果只循着正向思维试图找到突破的方法，很可能会一无所获；如果能够运用逆向思维，就能制造出新的商机，在激烈的竞争中找到立足之地。

每个人都有逆反心理，这意味着越是遭到禁止的事情，我们越是急切地想要去做；越是想要尽快忘记的东西，我们反而记忆得更加深刻。这样的思维特点尽管常常让我们陷入烦恼中，但是我们只要采取逆向思维，在思考的过程中把它物尽其用，就能实现自己的目的。

总之，逆向思维在现实生活和工作中的运用是非常广泛的，只要用心观察，我们还会发现很多逆向思维的运用案例。只要巧用匠心，我们也可以发挥逆向思维的强大作用，为自己创造更多的机会和可能性。

◯ 反惯性思维

摆脱羊群效应

在经济学领域,很多专家和学者都刻意地强调要远离羊群效应。这是为什么呢?因为人很容易陷入羊群效应中,使思维受到局限,行为受到诱导。即便如此,对普通大众而言,依然有很多人热衷于从众,热衷于跟风,因为这样就能避免自己煞费苦心地构思,也无须自己绞尽脑汁地思考。此外,也是因为大多数人虽然对一种现象或者事物产生了普遍认知,可针对具体的现象或者事物,却不知道应该怎么应对,更不可能制订符合实际情况的方案指导自己的行为。这种现象在股票市场尤为明显。作为股票市场上的散户,个人的力量是很有限的,消息来源也很匮乏,这使大多数散户是否购买某一只股票的依据,就是看看其他人有没有购买这只股票。如果身边的大多数人都购买了这只股票,而且的确获益,他们就会盲目跟风。这些人也许已经意识到羊群效应,是在有意识地模仿他人;也许没有意识到羊群效应,是在无意识的状态下加入了群体。羊群效应的心理基础在于,当大多数人在面对强大的群体力量时，往往无法保持理智的个人判断，会变得冲动且自负。

现代社会中，羊群效应非常普遍。近些年来，各种各样的培训机构如同雨后春笋般涌现。它们之所以能够很好地生存，就是因为绝大多数父母对孩子的教育问题都是非常焦虑的。举例而言，自从有人提出了"别让孩子输在起跑线上"的口号，很多父母都时刻牢记着这句话，生怕因为自己的一个选择失误，就给孩子的命运带来各种遗憾。为此，父母们争先恐后地为孩子报名参加培训班，一旦发现孩子身边有伙伴参加了新的培训班，他们就会马上盲目跟风。在此过程中，父母从来没有想过孩子是否愿意上培训班，更不曾尊重孩子的真实意愿。许多父母打着为孩子好的旗号，强迫孩子在不同的兴趣班和培训班之间奔波。长此以往，孩子不堪重负，学习的压力使他们喘不过气，就会觉得童年没有任何乐趣，渐渐对未来失去了期许。在这个过程中，父母也承受着巨大的精神压力，他们努力地工作赚钱，仿佛只是为了给孩子交补课费，还要在工作之余利用休息时间催着孩子去上各种课程。这样的生活日复一日，孩子和父母都心力交瘁，不堪重负，仿佛看不到希望的光芒。其实，父母要转变教育的思路和理念，认识到学习是孩子自己的事情，关键在于激发孩子的学习兴趣，培养孩子的学习习惯，学习自然水到渠成。在很多家庭中，之所以每到孩子做作业时就鸡飞狗跳，恰恰是因为父母短视，没有为孩子的长远考虑和准备。

从深层次心理分析，人们热衷于从众，不假思索地跟随大多数人的脚步，相信大多数人思考的结果，其本质在于趋利避害。趋利避害是人的本能，虽然大多数人的选择未必正确，但是在自己没有明确观点或者明确选择的情况下，和大多数人一致是更有安全感的。正是因为如此，人们才热衷于随大流。针对这种现象，曾经有社会学家进行了调查，发现对那些从众的人而言，他们最关心的并不是他人的意见和观点是否正确，而是究竟有多少人赞同他人的意见和观点。可见，意见的正确与否是无关紧要的，跟随多少人才是至关重要的。具体而言，哪怕明知道大多数人所持有的意见是错误的，他们也会认可；哪怕明知道少数人所持有的意见是正确的，他们也会选择放弃。

毫无疑问，这意味着从众者的思维失去了自主性，只受到主流观点的支配，为主流观点摇旗呐喊。哪怕明知道主流观点是错误的，因为害怕自己单独行动而独自承受风险，所以他们仍选择和绝大多数人在一起。作为独立的生命个体，每个人都有自己与众不同的思考方式，也有独具特色的思想和观点。在独处的情况下，他们也许会呈现很多个性鲜明的想法，可一旦进入集体中，就很难无视大多数人所秉持的观念，更不敢直接亮出自己与众不同的观点。最终，从众成为唯一的选择。这样的从众者在独处时的状态与在集体中的是截然不同的。

其实，从众也与社会环境相关。现代社会中，人际关系越来越复杂，尤其是在集体中，人与人之间的关系呈现网络状，纵横交错。很多人坚持中庸之道，认为非不得已不能得罪人，因而在集体生活中不愿意成为众矢之的。否则，不但会被视为背叛者遭到讨伐，甚至还有可能受到惩罚。在这个意义上，主动放弃思考的从众者其实是为了自保。还有些人自卑内向，总是想藏匿自己，就藏身于人群之中，对他人随声附和。不可否认的是，在某些特殊的环境中，我们的确需要从众。例如，在孩子的家长群里，对班级的某项事物，大多数家长都已经表示支持和赞同了，我们没有必要为了彰显自己的特别而提出不同的想法或者建议。集体需要的就是统一，对非原则性事物，随和地表态不失为一种好的选择。

从羊群效应中，我们得到了很多启示。在现实生活中，我们仿佛淹没在信息的海洋里，目之所及都是铺天盖地的信息，我们要时刻提醒自己保持清醒的判断力，不要全盘照收他人传递的信息，也不要失去自己的原则，盲目地跟随大多数

◯ 反惯性思维

人。有些时候，并非只有大多数人才能掌握真理，少数人也能掌握。当事情至关重要时，我们要有敢于发声，做出相反决定的勇气。

第05章

突破本能惰性，
坚持勤奋思考

对那些生性懒惰、不思进取的人，我们伸出援手时要慎重，因为懒惰也许会导致他们永远陷在穷困之中。人要想改变命运，就要冲破命运的困厄，就要突破本能惰性，坚持勤奋思考，勇敢地开拓人生的新天地。

第05章 突破本能惰性，坚持勤奋思考

坚持反向推演，筛选海量信息

我们正处于飞速发展的时代，随着网络的普及，我们拥有更多的途径获取知识，获得机会。例如，如今自媒体短视频就炙手可热。不管是年轻人还是老年人，都积极地加入了拍摄短视频的队伍，这使得借助短视频火遍大江南北成为了无数人的梦想。然而，我们打开手机看到的短视频，只是从海量短视频中脱颖而出的少数成功的自媒体，在它们的背后，无数专门拍摄短视频的自媒体人都被湮没了，如同一滴水融入大海一般渺小，如同微小的烟尘融入天空一样无影无踪。幸存者偏差使很多人只看到了成功的短视频博主，而把那些失败的短视频博主划到自己的视野范围之外。对想要从事短视频拍摄的人而言，必须非常慎重地认识到这一点，也要深入地思考和斟酌这一点，再决定如何发展属于自己的事业。

互联网的普及使人们获取信息变得十分便利，互联网上不仅有电子书，也有各种电子版的杂志、报纸等，还有铺天盖地的自媒体文章和视频等。总而言之，我们只要打开网络就会

○ 反惯性思维

看到很多知识，增长自身的见识。信息的丰富难道一定会带来好处吗？当然不是。凡事都有两面性，既有有利的一面，也有有弊的一面。既然如此，我们当然要擦亮眼睛，发挥自身的思维能力，全面分析和深入思考相关的问题。

针对现在信息的海量状态，有心理学家进行了专门的研究，发现随着信息量的增多，信息呈现出泛滥成灾的趋势，而并没有同大多数人所想的那样帮助自己开阔视野。与此同时，那些处于海量信息之中的人，还很容易出现封闭的心理状态。这究竟是为什么呢？因为面对海量信息，很多人都不具备辨别无用信息的能力，因而会受到无用信息的困扰，无法进行反向思考。在现实生活中，我们每当发现自己有了小小的成就，就会沾沾自喜，这使得我们情不自禁地骄傲起来，甚至有些飘飘然了。

虽然很多人都面临很多选择，但是他们很难拓宽自己的思维，因为他们的思维受到了局限，从小就被引导和教育着努力向前冲，而忽略了在人生的道路上可以左看看，右看看，在暂时无法继续前进的情况下，还可以向后看看。当习惯向前时，我们在看往其他方向时往往会有意外的发现，也会认识到其他方向和前进的方向一样具有价值。举个简单的例子，有人打开了一瓶红酒，被问接下来要做什么，便陷入沉思，他不确定自己想干什么,是和朋友一起喝一杯红酒庆祝,还是独自喝一杯红酒小酌。其实,还有一个选择,那就是再把红酒密封好。看到这个选项,相信大家会有耳目一新的感觉,原来事情也可以倒退。这与我们平日里常有的思维方式不同,却不失为一个好的选项。

"盖上"红酒就是逆向思维具有代表性的选择。当我们尝试进行逆向思考,就会发现此前的所有信息都无法继续影响和左右我们,我们反而能够以自身的智慧和判断力掌控局势。所谓逆向思维,就是一种反向思维,主要指的是颠倒因果顺序思考,要求我们摒弃当下的思维模式,采取完全相反的方式。反向思维并不局限于因果顺序的颠倒,只要是思维方向与当下的思路相反,就可以称为反向思维。

想要运用反向思维,一定要能够打破常规。在日常生活中,很多人都受到惯性思维的驱使,不管面对什么问题,第一时间就会犯经验主义的错误,试图用以前的方法解决当下的问题,这么做往往会使我们困于死胡同,很难有突破和超越。采取逆向分析的方法思考问题,我们就会有豁然开朗的感觉,在那一瞬间意识到原来还可以采取这样的思路,还可以用这样的方法解决问题。此外,还要学会求证。所谓求证,就是突破信息的陷阱。在互联网时代,海量信息中必然存在很多陷阱和漏洞。对漏洞，我们要学会甄别；对陷阱，我们则要学会突破。在这么多的信息里，既有真的信息，也有假的信息；既有原生态的信息，也有被人加工的信息；既有有用的信息，也有无用的信息。总之，只有对信息进行筛选和甄别，才能避免犯错。

近些年，很多人都进入了网络诈骗的圈套，被在网上认识的陌生人骗取钱财，导致个人破产；也有些人贪小便宜，在网络上收到自己中奖的信息之后，马上激动地想要兑奖，而把天上不会掉馅饼的训诫完全抛至脑后。等到事后回想起来，就会发现那些诱惑人、欺骗人的信息并不高明，甚至漏洞百出。既然如此，为何还有人愿意相信这些诈骗信息，心甘情愿地自掏腰包呢？究其原因，是因为他们没有求证的习惯。对那些诈骗信息，出于贪便宜的心理，他们总是不假思索地相信。想要破解这个局面，只需要做一件很简单的事情，就能识破骗子的真面目，如打电话给警察求证，或者是认真想一想天大的好事为何会降临到自己的头上。

任何时候，我们都要牢记一个道理，即天下没有免费的午餐。当我们拒绝不义之财，就相当于对骗子关上了大门。如今，电脑、手机等宣传媒介上都会有很多中奖信息，我们必须时刻保持警惕，在拇指时代里远离诈骗信息，提高判断能力。

对思考而言，拥有海量信息并非有利条件。现实告诉我们，在解决各种棘手问题的过程中，我们唯有在大量含糊其词的信息中把握关键信息，才能厘清思路，找到解决问题的方法。所谓关键信息，就是那些能够帮助我们消除不确定性的信息。与有效信息相对的是无效信息，阅读过多的无效信息，只会让我们对事物的认知更加模糊和不确定。既然如此，我们就要有意识地获取有效信息，剔除无效信息。在信息时代，只有学会甄别和区别对待不同的信息，养成站在反向角度观察和分析问题的好习惯，我们才能掌握逆向推演和求证的技巧，用火眼金睛辨别不同的信息，做出最终判断。

○反惯性思维

无知者无畏

人们常说,初生牛犊不怕虎,难道是因为初生牛犊非常勇敢吗?当然不是。唯一的解释是,初生的牛犊压根没见过老虎,不知道老虎的凶猛,所以即使与老虎面对面,也依然保持着懵懂无知的状态,根本没有躲避老虎、逃离厄运的意识。不仅初生牛犊如此,人类也是如此。对自己从未涉足的领域,人就是无知者,也就不知道很多事情的重要性,更不了解自己的行为举止将会带来多么严重的后果。无知者无畏导致的后果是很严重的,甚至是无法逆转和挽回的。

有一种现象引人深思,一些刚刚开始学习医学的人自认为已经掌握了高深的医术,也洞察了生命的秘密,所以在有机会为他人诊治疾病时总是侃侃而谈。相反,那些用了大半辈子学习医学的老年人对待病患则相当谨慎,生怕一不小心就误诊了,延误患者病情,也生怕自己了解的信息不够详细,不够全面,所以反复地询问。这就是人们常说的"行医三年寸步难行,行医三天走遍天下"。这一点也表现在学者身上。有的人才疏学浅，就以学者自称；有的学者学识渊博，名副其实，却只自称学生，因为他们深知自己掌握的只是皮毛，有待探索知识却浩如烟海。把这一点投射到普通人身上，我们就会发现那些自以为是的人常常犯错误，反而那些谦虚低调的人谨言慎行，很少犯错误。

在生活中的很多场合，我们会遇到各种各样的人，其中不乏被称为"百事通"的人，他们自认为无所不知，无所不能，哪怕是自己陌生的领域，他们也会口若悬河，长篇大论。对这样的人，可以毫不迟疑地把他们列入无知者的榜首。截然相反的是，那些真正有才华、有学识的人总是习惯于倾听，哪怕只是听一个学识水平与自己相差甚远的人发言，他们也凝神细听，绝不错过任何有用的信息。正是因为如此，他们才能从各种各样的人身上学习不同的知识，坚持累积，从而使自己也掌握更多的知识。古人云，三人行，则必有我师，就是教诲我们不要轻视任何人，而是要积极地从他人身上学习知识、经验等。

那么，无知者的自信从何而来呢？他们坐井观天，生活在自己狭小的世界里，难免会感到自以为是；他们缺少见识，误以为自己了解的就是全部，殊不知他们掌握的只是九牛一毛。正是因为无知，他们的思维中才会存在盲点，一叶障目,不见泰山。从某种意义上来说,他们活在自己有限的认知里,因为片面的认知而给出千奇百怪的答案。

刘强自称是世界贸易领域的全能型人才。前些年,因为世界贸易的形势很好,政策也都大力支持,所以他通过与其他国家做贸易赚了很多钱。凭着这样的经历,他因为一个偶然的机会成为了"经济专家",在电视和网络上接受了好几档节目的采访,分享自己的发家史。为了让自己看上去更像经济专家,他还找人代笔写了一部自传。从此之后,他更理所当然地以经济专家的身份四处传授经验。

因为小有成就,受到很多人的追捧,他越来越膨胀,险些就忘记了自己到底是谁,甚至还对巴菲特等世界级的大富豪指指点点。后来,投资行业不景气了,他又转行进入其他领域,但他完全忘记了自己在新领域中没有经验,依然摆出一副成功者的姿态指点他人,还试图说服他人接纳自己的观点和建议。每当被他人质疑和否定时,他就会非常生气,非常懊恼,就会说起自己当年的风光。后来,没有人愿意再提醒他什么,而全都等着看他的笑话。很快,这一天就到了。随着经济泡沫的破灭,他不但失去了所有的家当,还欠了银行一大笔贷款。

一个人把尾巴翘上天,也就到了他狠狠跌落神坛的时候。对任何人而言,不管能力多么强,也不管判断多么正确,都不可能真正掌握未来。未来的神秘恰恰在于未知。很多人都曾经有过这样的体验,即明明已经未雨绸缪,为执行计划、完成项目做好了充分的准备,却因为一个极其微小的因素或者变化而引发了连锁反应,使得自己陷入败局。既然我们无法保证自己所有的想法和选择都是正确的,那么就要时刻做好心理准备,接纳一切有可能发生的结果。

对身边那些盲目自信的人,我们一定要敬而远之,否则很有可能被他们的自信影响,或者因为采纳了他们的意见而蒙受严重的损失。当我们认同盲目自信者时,往往意味着我们和他们一样自信,这当然是很糟糕的。在人际相处的过程中,除了要远离无知者,也要避免成为无知者,切勿对自己丝毫不了解的领域侃侃而谈,更不要对自己不了解的人指手画脚。

一个人只有认识到自己的无知,才有可能认识整个世界。反之,一个人如果不愿意正视自己的无知,终究有一天会遭遇失败。为了避免成为无知者,我们要做到:首先,要客观评价自身的能力,切勿盲目自信,更不要狂妄自大。每个人都有一个思维的圆圈,自己的认知只在这个圆圈之内,在圆圈以外的无限世界里,蕴藏着无数我们尚未涉猎的知识领域。其次，切勿自以为是、自作聪明。自以为是和自作聪明的人目中无人，看不到那些比自己更优秀的人，反而认为自己比任何人都更博学多才。现代社会人才济济，在同一个领域中，一定有人比我们更优秀；在我们不擅长的其他领域中，也一定有顶级的人才能够为我们提供帮助。既然如此，明智的做法是坚持做自己擅长的事情，而把自己不擅长的事情交给专业人士。最后，胜不骄，败不馁。这句话虽然只有简简单单的六个字，可想要真正做到却是很难的。面对成功，大多数人都会得意忘形；遭遇失败，大多数人都会沮丧失意。只有胜不骄，败不馁，始终保持谦虚进取的状态，怀着空杯心态积累知识，才能在成长和进步的道路上走得更稳更好。

以发散性思维，进行开放式思考

每个人都有独特的思维方式，即使面对相同的问题，不同的人也会采取不同的思考方式，从而得出不同的结论。这是因为每个人作为生命个体都是独一无二的存在，也是因为在人生的旅程中每个人都获得了独特的经验，也形成了自己独特的思维定式和思维惯性。正是这些因素的综合作用，使得每个人都有不同的眼界，也有不同的思维域宽。如果某个问题正好处在思维的视野死角，我们就会陷入死胡同之中无计可施；反之，如果某个问题正好处在思维的开阔和活跃地带，我们就能非常积极地面对和卓有成效地解决问题。

在日常生活中，以逻辑性为基础的惯性思维是最常用的思维模式。正因为此，我们才能不断地积累经验，如愿以偿地获得成功。在面对很多常见的问题时，我们甚至不需要思考，就能如同条件反射般地做出反应。然而，惯性思维有好处，也有弊端，它往往是片面的，而且具有很强的局限性。当问题超出常规的范围，就属于突发事件，或者带有随机性

○ 反惯性思维

质，只循着惯性思维，我们往往会陷入经验主义的错误中，无法找到新的思路和解决问题的方法。这是因为单一的信息渠道困扰了我们，使我们陷入思维的闭锁模式之中。

毋庸置疑，这个世界处于瞬息万变之中，每时每刻都在发生变化。为了紧跟时代发展的脚步，为了适应世界的诸多变化，我们必须学会变通，不但要努力开阔视野，更要以灵活的方式思考问题，尝试以不同以往的方式解决问题。唯有如此，我们才能与时俱进，让思想变得多元化，充满活力和动力。

要想形成发散性思维，就要尝试从不同的角度观察和分析问题，也尝试以不同以往的方式解决问题。追根溯源，关键在于以开放包容的心态接受不同的信息。很多人已经形成了条件反射，一看到问题就会本能地给出相对的反应，例如，大多数人都习惯于从正面解决问题，而很少有人从相反的方向钻研问题；大多数人都习惯于排除万难向前冲，而很少有人能够环顾左右，或者偶尔向后看看，回顾自己来时走过的道路。很多人始终坚信眼见为实，这是因为眼睛看到的一切会给人留下直观的印象。其实，偶尔采取逻辑思考的方法分析问题，透过现象看到问题的本质，也是很好的选择。因为在很多情况下，第一印象未必是正确的，而且我们仅从事物的表面也不能得到最好的答案。只有透过现象看到本质，才能找到隐藏在表面现象之下的真相和答案。

在这个世界上,对很多事物的评判未必是非黑即白的,而是很有可能处于灰色地带。面对这样不确定的情况,我们不妨换一个角度思考,这样就会挣脱原本陈旧的思路,找到新的思路。这就是开放的思维方式,能够帮助我们抓住所有的视角,也抓住所有的观察渠道,从而综合处理,以不同方式获得信息,得出相对全面的判断。这样的判断是接近事物真相的,也能够帮助我们拨开迷雾,洞察本质。

尽管用眼睛看能够得到最直观的印象,不需要用大脑多加思考,但是眼见未必为实。只有坚持从各种各样的角度考虑,才能得出更多的结论,也才能形成多元化的思维模式。坚持这么做,可能会影响我们的命运,因为我们会发现,原来人生只要看向更辽阔的地方,就完全有可能拥有崭新的人生道路。换一个思路,就可能得出更好的结论。坚持到底固然是有意志力的表现,但往往会使我们错过沿途更美丽的风景。如果说坚持到底的人性格坚毅,绝不轻易放弃,那么习惯于转换思路的人则心思灵活,能够运用已有的人生经验随机应变地解决问题,这是更加难能可贵的。因为这样能够避免坚持错误的道路,使人通过反思、尝试等不同的方式,找到最适合自己的人生之路。

○ 反惯性思维

　　要想形成发散性思维，还要杜绝片面和保守。在某种意义上，片面和保守等同于自我封闭，一个自我封闭的人不可能拥有开阔的眼界和心胸，更不可能拥有充满无限可能的未来。片面思维最典型的代表事例就是盲人摸象。四个盲人分别触摸大象，有人摸到大象的耳朵，就说大象像蒲扇，又大又圆；有人摸到了大象的牙齿，就说大象像胡萝卜，一头粗一头细；有人摸到了大象的腿，就说大象像柱子，又圆又高；有人摸到了大象的尾巴，就说大象像一根绳子，细细长长。总之，四个盲人在摸完大象后得出的结论是完全不同的，这是因为他们都只摸到了大象身体的一个部位，而没有摸到完整的大象。他们局限于从某个渠道获得的片面信息，自然不可能认识整体，也就不可能认识真相。从这个故事中，我们可以领悟出一个道理，即我们要全面了解事物，还要发挥想象力，整合从不同渠道获得的信息。注意，这里所说的是整合，而非简单相加。此外，还要避免犯和故事中的盲人一样的错误，即不要在只了解局部的情况下就断言整体，否则会招人笑话。

　　常言道，思维决定命运，这是因为思维方式不同，人生也会变得不同。在现实生活中，很多人之所以能够获得成功，恰恰是因为他们具有独特的思维方式。和他们相比，那些碌碌无为者如果不是受到自身能力的限制，就一定是思维方式出了问题，所以人生才始终毫无起色。

在《贫穷的本质》这本书里，埃斯特·迪弗洛和阿比吉特·班纳吉从世界各地搜集了很多关于贫穷的真实案例，深入阐述和分析了"我们为什么不能彻底摆脱贫穷"这个人人关心的问题。最终，他们得出结论，正是思维方式使人长久地陷入贫穷状态，相比之下，经济发展的差异和物质的匮乏并非主要原因。每个人都是自己命运的主宰者，如果想要真正地改变命运，就不要封闭自己的头脑，就不要为自己挖掘命运的陷阱。

◯ 反惯性思维

学会提出问题

执行力很重要，提出问题更加重要。在工作的过程中，如果员工不能主动地思考，不能积极地提出问题，就更不可能解决问题。由此可见，"提出问题"是执行力的前提条件，如果不能准确地了解工作中的问题，就谈不上执行力。这就像发射炮弹，必须先找准目标，准确定位，才能击中目标。否则，即使炮弹的威力很大，炮弹手的射击技术很强，却不知道要把炮弹射向何方，那么一切都是空谈。

提出问题，其实是发现事物关键的能力。需要注意的是，这里说的提出问题并非是简单地提出疑问，而是要经过深入的分析和全面的思考，在诸多如同迷雾一样的问题中，剔除无关紧要的问题，找准真正重要的问题，才能有的放矢地发挥执行力，解决问题。现实中，很多问题的本质都是很隐蔽的，并不会直接呈现在我们的面前。尤其是那些涉及到真相的细节，往往藏匿在不易觉察的地方。要想发现问题，第一步就是敏感地觉察到哪里不对劲，从而反思工作是否出现了问题；第二步是用心甄别，看看这些异常的情况是经验的陷阱，还是思维的误解；第三步是稳准狠地找出问题的症结；第四步才是解决问题。

在提出问题的过程中，要做到以下几点。

首先，不要当"盲人"。很多人尽管有着明亮的眼睛，在思维的视野中却看不到任何异常，也觉察不到任何反常，更不知道一旦做出错误的决定将会招致多么严重的后果。这样的人并不是真正的盲人，而是思维领域的无知者。为了避免这种情况出现，要先解决视听的问题，不要不假思索地采取行动，使自己陷入被动的状态，非但毫无收获，还有可能导致事与愿违。人们常说，磨刀不误砍柴工，其实，花费一些时间和精力认识问题是很有必要的，可以为需要执行的步骤扫除障碍。

其次，不要感到恐惧。不管是在生活还是在工作中，总会有一些问题超出我们的预期，使我们感到恐惧。例如，担心处理某个问题会损害他人的颜面，或者危害他人的利益；担心自己的某种做法会给他人留下糟糕的印象，导致人际关系面临困境；担心自己的能力不足，无法承担艰巨的任务，让信任自己的同事或者上司感到失望……总而言之，很多人会故意逃避，试图推脱责任。要想避免这样的情况发生，一定要有鲜明的观点，也要坚持自己的看法。不要畏惧失败，很多成功者就是踩着失败的阶梯，

○ 反惯性思维

拾级而上，登顶成功巅峰。和无所作为相比，失败起码能帮助我们积累经验，使我们不断成长。

再次，坚持思维训练，让思维变得越来越敏锐，能快速地针对问题做出反应。很多人一旦遇到难题就会不知所措，如此一来，不但贻误了解决问题的最佳时机，还会扩大问题，产生更为严重的后果。在磨蹭、拖延之后，他们虽然针对问题提出了一些观点，却如同隔靴搔痒一样没有显著的作用，更为糟糕的是，他们很难当机立断。面对这样的状态，必须打破务虚的思维怪圈，坚决抵制"不求有功，但求无过"的思想，从而摆脱思维惯性，在第一时间发现问题，解决问题。

最后，一定要以端正的态度解决问题。有些人在面对问题时会因为担心自己能力有限而试图逃之夭夭。其实，任何事情都有两种可能的结果，一种是成功，另一种是失败。既然我们有勇气面对成功，就要有勇气面对失败，因为成功与失败的可能性是对等的。越是瞻前顾后，举棋不定，越是会左思右想，无法做出决策。与其如此，不如在全面思考之后，以快刀斩乱麻的方式做出决策，在真正执行的过程中，也许事态的发展并不像我们想象中那么糟糕。

如果说提出问题是前提条件，那么在进入到解决问题这个环节时，执行力则是关键。近些年，执行力这个词语频繁地出现在各种成功励志的书籍中，也频繁地出现在网络、报纸等新闻媒体的文章里。毋庸置疑，执行力是当代社会的主流观点。所谓执行力，顾名思义，就是人们在做某些事情时的执行能力。执行力强的人拥有很高的工作效率，反之，执行力差的人往往会陷入拖延的怪圈之中，无限延误。不管是从生活，还是从工作的角度，执行力都是非常重要的，是不可或缺的。一个人如果没有执行力，就会拖延工作，就会因为没有完成工作而产生连锁反应。因此，不管在什么行业里，领导者都喜欢有执行力的员工，而不喜欢缺乏执行力的员工。在职场上，老板对员工的第一要求就是具备执行力，工作的基础也是具备执行力。

人们常说，即使进行一百次空想，都不如真正展开一次行动的效果好。由此可见，及时采取行动，是解决问题的重中之重。如果始终设想有可能遇到的困难，或者采取畏缩的态度对困难视而不见，就会导致错失良机。很多人之所以不愿意真正去做什么，就是因为担心事情的发展会超出自己的预期，变得不可控制。有这样的担忧是可以理解的，但我们不能因此而选择放弃行动。乐观地想，行动本身就会推动问题不断地变化，也许最终会水到渠成地解决。总而言之，大胆地提出问题吧，也要相信自己有能力解决问题。坚持这么做，我们就会变得越来越强大！

○ 反惯性思维

尽信书则不如无书

在传统的教育形式中，有一种观念根深蒂固，甚至到了无法撼动的程度，即对所有人而言，读书都是更好的出路，如果不好好读书，那么不管做什么事情都不会获得成功。这种观念坚持读书至上，孩子们从小就被父母耳提面命，小小年纪就开始拼命读书，哪怕很想玩，也要强迫自己坐在书桌前埋头苦读。退一步说，即使孩子想要片刻放松，陷入教育焦虑的父母们也不愿意给孩子这样的机会。随着时间流逝，原本想要反抗父母的孩子一天天长大，变成了只会读书的机器，也表现出高分低能的显著特点。他们十几年寒窗苦读，原本坚定不移地相信读书一定会让自己拥有更美好的未来，却在走出大学校园之后才发现，自己虽然掌握了大量的理论知识，也具备了一定的思维能力，却都与现实脱轨了，这使很多孩子受到了冲击，一时之间不知道如何面对这样的现状。

读书尽管是为了积累知识，可如果仅是积累知识，则很难做到活学活用和学以致用。很多孩子虽然学习很好，可进入社会之后生存的能力却很低，就是因为他们盲目迷信书本知识，而忽视了培养自身的实践能力，更没有把理论知识和现实生活联系起来。正是因为如此，很多企业在招聘时会面临困境，即投递简历的应届大学毕业生很多，但是符合企业用人要求的却很少。在求职者中，不乏毕业于名校的大学生，可他们的思维僵化呆板，也没有创造性。可想而知，随着企业越来越注重求职者的综合素质，书呆子型的大学毕业生必然是不受欢迎的。既然学历只能起到敲门砖的作用，那么在大学学习中，学生们就要更加注重发展自身的综合素质，也要有意识地提升自己各个方面的能力。当然，并非学历高就是书呆子，很多学历高的孩子不但有过硬的学历，综合素质也很高，还考取了相关的证书。最重要的是，他们还利用大学期间积极地参与社会实践，积累了一些解决实际问题的经验，提升了相关的能力。由此，他们会在工作中有更好的表现，也会为自己争取到更大的平台。

不可否认的是，要想成为合格的社会人，我们就要在学校里接受系统的教育，也就是人们常说的读书。唯有以此为前提，我们才具备从事社会活动的资格，也才能在社会生活中为自己赢得一席之地，从而实现安身立命的目标。读书的重要性无须赘述，早在古代，先哲就留下了"读万卷书，行万里路"的格言警句。然而,我们要摆正读书与生活的位置,必须明确读书不是唯一的目的,灵活运用书本上的知识,才是最终目的。否则,我们只知道照搬书本上的知识,既不会运用知识,也不会借助于知识的力量做事情,就相当于被囚禁在知识的囚牢里,成为书呆子。书呆子最显著的特征就是明明读了很多书,却缺乏实际经验,因而只能口若悬河地说理论知识,而不能得心应手地做事情。一言以蔽之,书呆子眼高手低,最擅长纸上谈兵,而不擅长学以致用。在思想上,他们是巨人;在行动上,他们是矮子。

在信息时代里,要想灵活运用读书得来的知识谈何容易。因为这不但需要调动知识储备,还需要结合从各种渠道得来的信息,才能作出正确判断。此外,还要在学习的过程中坚持实践,不断反思实践的结果,才能把理论与实践相结合,使死知识变成活知识,对我们开创人生的崭新天地起到强大的作用。

在一家房地产公司里,有一个名叫王海的员工特别喜欢研究数据,一直尝试使用数据解决各种难题。和大多数同事都在全力以赴、想方设法地促成交易不同,王海一旦有了空闲的时间,就会沉浸在数据的海洋里。因为很熟悉数据,他的口头禅就是"大数据现实"。每当这时,同事们总是不以为意,甚至嗤之以鼻，他们眼中的工作就是为客户匹配合适的房子，和大数据没有任何关系！不过，王海丝毫没有受到影响，继续热衷于研究数据。

随着时间的流逝，王海研究数据终于有了成果。他综合分析了所有的信息，又整合重要的数据，制作成令人一目了然的报表。根据王海的研究成果，公司领导调整了经营战略，制订了新的研发计划。就这样，王海从一个小小的销售人员，摇身一变成了公司的领导层。经过两年的开发，新楼盘一经上市就被抢购一空，王海的大数据果真厉害。有了这次成功的经验，总经理提升王海为副总，还让王海亲自招募人员组建团队，为公司制订下一步开发的计划。

从这个事例中，我们不难看出，王海之所以能够获得成功，与他刻苦钻研大数据，并把钻研大数据的成果学以致用是密不可分的。当知识与能力实现最佳组合，就会爆发出令人震惊的力量。反之，如果把知识和能力彻底分开，那么知识只是理论，而能力则因为缺少了理论支撑，如同没头苍蝇一样四处乱撞。唯有实现知识与能力的黄金组合，我们才能证明自身的超高水平。

参加工作之后，很多人都觉得自己在大学期间学到的知识

● 反惯性思维

并没有用武之地，沮丧地发现需要用到的知识是学校里没有教过的。面对这样尴尬的情况，我们要转变观点，即认识到大学只是教会我们学习的方法，而不是一生所用的知识。在信息大爆炸的时代里，知识更新的速度越来越快，很多大学生才刚刚毕业就要发现自己学习的知识已经被时代淘汰了。难道因此就要认为大学白上了吗？当然不是。一个读过大学的人会明白如何根据自身的需要获取知识，这才是一生受用不尽的。此外，大学以自主学习为主，培养的是我们解决问题的能力，这对我们将来走上社会大有裨益。总而言之，尽信书则不如无书，读书一定要活学活用，这样才能最大限度发挥知识的力量。

第06章

突破思维依赖，
坚持独立思考

每时每刻，人都在从外部世界接收信息，信息会刺激大脑产生联想，对信息作出回应。在这个过程中，如何回应信息，并对信息进行独立思考才是重点。现实生活中，很多人已经习惯了被动地接受信息，也形成了思维依赖的坏习惯，所以一定要突破思维依赖，才能坚持独立思考，有所创新。

第06章　突破思维依赖，坚持独立思考

没有人是绝对正确的

在社会生活中，每个人都是完全独立的生命个体，都是独一无二且不可复制的。人心是世界上最复杂多变的东西，有的人很善良，有的人很邪恶，有的人以诚信作为立世之本，有的人却离不开谎言，撒谎成性，这很符合世界的独特性和多样性。对所有人而言，不管他们是好还是坏，都不能归结于天性。人并不是天生就能做出特定行为的，每个人在降临人世之初都像是一张白纸，等待着生命着色。从另一个角度看，人的这些特性也并非造物主赐予的，而是在后天成长的过程中渐渐形成的。早在几千年前，古代的先哲就曾经阐述过人性，有人认为人之初性本善，有人认为人之初性本恶。当然，包括对人性的观点在内，没有人是绝对正确的。

从科学的角度看，每个人的特殊行为都产生于自己的思维。正如陶行知先生所说，每个人都要靠自己做很多事情，而不能总把希望寄托在他人身上。尤其是如思考这种极具个性化的生命活动，是别人不能代劳和包办的。偏偏有很多父母溺爱

○ 反惯性思维

孩子，恨不得代替孩子制订好方方面面的计划，让孩子实现衣食无忧，一生无忧。这当然是不可能的。每个人都是自己生命的主宰，父母即使再爱孩子，也不可能始终陪伴在孩子的身边。随着父母渐渐老去，孩子一天天长大。在这个世界上，唯有父母与孩子的爱是以分离为终点的。只有离开父母的身边，独自面对人生，才真正标志着孩子走向了成熟。要想培养独立思考的意识，摆脱思维依赖，父母就要从娃娃开始抓起，不要总是为孩子提前考虑好一切，也不要总是想方设法地为孩子扫清成长路上的障碍。人们常说，不经历无以成经验，恰恰说明孩子需要亲身体验很多事情，即使受到伤害，遭遇挫折，他们也必须亲力亲为。

不管是孩子还是成人，独立行走属于自己的人生道路时，都要做好摔跤的准备，要做好走弯路的准备，也要做好受到伤害的准备。没有谁的人生道路是永远一帆风顺的，更没有谁具有未卜先知的能力。有的时候，我们会选择信任身边的某个人，一旦面临困境或者不知道该如何选择时，就会第一时间向他们寻求帮助，真诚地征求他们的意见。然而，即使再怎么设身处地，一个人也不可能完全了解另一个人的想法、感受和心境。在这个意义上，我们唯有本着对自己负责的态度做出的选择，才是真正明智和周全的。与其把自己的未来交给其他人，面临其他人的选择背后的风险，不如鼓起勇气面对两难的困境，在经过慎重且全面的思考后勇敢地做出决断。虽然结果很有可能不尽人意，但这是我们的选择，哪怕失败了，也无怨无悔。相比之下，如果他人代替我们做出的选择导致了糟糕的后果，即使不埋怨他人，我们也会指责自己的怯懦。因此，任何时候都要靠自己，这才是真正对自己负责的表现。

从心理学的角度分析，我们之所以特别依赖某个人，正是因为长期信任对方，也习惯性向对方求助。例如，过度依赖妈妈的成年男性一般被称为"妈宝男"。不得不说，这个称呼是贬义，大多数男性以此为耻。然而，不可否认的是，现实生活中的确存在"妈宝男"，他们从小到大都习惯于依赖妈妈，蹒跚学步要依靠妈妈的帮助，进入幼儿园、进入小学需要妈妈扶持，本该独立的年纪依然离不开妈妈的照顾，直到要解决终身大事时依然要妈妈做主。很多年轻女性在寻找人生伴侣时，最害怕的就是遇到"妈宝男"，因为这样的人从表面上看是成熟的男性，内心却是永远长不大的小男孩。试想，在亲密无间的夫妻关系中，如果每时每刻都需要妈妈介入，夫妻之间必然矛盾丛生。从父母的角度说，养育孩子要学会适时放手，给予孩子独立成长的自由；从孩子的角度说，在成长的过程中要有意识地锻炼自己的自理和自立能力，才能离开妈妈的怀抱，成长为真正的男子汉，不但为自己的人生负责，也为自己的家庭撑起一片晴空。

在孩子成长的过程中，青春期非常重要。正是在青春期，孩子渐渐形成独立的人格，成为真正意义上的成年人。青春期也是从少年时期到成年时期的过渡时期，如果不能顺利地度过青春期，在青春期完成精神断乳，孩子就很难长大。那些"妈宝男"正是在青春期养成了依赖妈妈的惯性，不管面对怎样的问题，他们都不愿意积极主动地独立思考，也不想做出任何改变，日久天长就形成了依赖型人格。这将会对其一生造成严重的负面影响。

依赖型人格具有哪些特征呢？唯有识别依赖型人格，我们才能有意识地摆脱思维依赖，才能真正做到坚持独立思考。需要注意的是，依赖型人格未必反指的是孩子依赖父母，其他的人际关系中也会形成依赖关系。在考察依赖型人格时，我们不能只盯着父母和孩子的关系，也要关注其他容易形成依赖思维的人际关系。

通常情况下，依赖型人格都有明显过度依赖的表现。例如，当事人想要得到他人的帮助，而且不达目的誓不罢休。长此以往，他们做出任何选择或者决定都要听取他人的建议。再如，很多年轻人都有目标依赖，尤其是很多大学毕业生，尚未明确自己的人生目标，所以会以他人提出的目标为自己奋斗的目标。除此之外，思维依赖还表现为缺乏主见，总是跟随着他人提出的意见而轻易改变自己的观点，甚至为了保障自己的利益而迎合他人，为了融入集体或团体之中而选择加入实力更强的队伍。从性格的角度看，思维依赖者还表现为明显的讨好型人格，他们迫切渴望得到他人的认可，甚至不惜违背自己的原则和意志而讨好他人。每个思维依赖者的具体表现是不同的，但必须明确的是，没有人可以一辈子都当孩子，即使在应该长大的年纪没有长大，将来也会被催促着长大。既然如此，我们何不变被动为主动，积极地成长起来呢？

○ 反惯性思维

突破常规，才能独立思考

在现实生活中，很多现象是经常发生的，而非偶然现象，这使得人们在面对这些现象时，渐渐形成了思维定式，甚至不需要刻意地思考，就能如同条件反射般给出反应，这就是常规思维。常规思维既有好处，也有坏处。面对惯常出现的问题，常规思维会帮助我们在第一时间做出正确的应对；而面对突发情况或者意外情况，常规思维则会引导我们进入误区，使我们不能以创新的眼光看待问题，也不能坚持独立思考。由此可知，常规思维并不利于面对和解决非常规问题。

曾经有一头驴子，驮着盐过河时一不小心摔倒了，河水溶解了盐，当它挣扎着从河里站起来时，惊喜地发现自己身上的担子变轻了。这头驴子记住了这次奇妙的经历，当驮着棉花再次过河时，累得气喘吁吁的它故技重施，故意跌倒在河水里，结果棉花吸收了大量的水分，变得特别沉，驴子连站都站不起来了，被主人狠狠地打了一顿。

这就是遵循常规思维带来的糟糕后果。我们应该从驴子身上汲取经验和教训,才能区分具体的情况,采取相应的措施。

很多时候,面对常规问题,如果我们能够突破常规,就会发现崭新的思路和解决问题的方法,这当然是意外的收获。此外,巧妙地利用有效的方法打破常规思维,还能帮助我们摆脱困境,解决诸多难题呢!

在战争爆发的时候,很多老百姓都过着吃不饱饭的生活,又因为战火的蔓延而离开家乡,流离失所。在一个狂风暴雨肆虐的夜晚,一个非常偏僻的乡村里来了一名乞丐。这个乞丐看上去非常疲惫,而且饥肠辘辘。他挨家挨户地敲门要吃的。然而,这可是战争时期,家家户户都没有充足的粮食,又很担心遇到居心叵测的坏人,所以没有人开门,都假装没有听到雷暴声中的敲门声。乞丐只能继续敲门,这是他仅存的小小希望。

乞丐继续沮丧地敲门,幸运的是,终于有人愿意为他开门了。不幸的是,这家的主人很礼貌地拒绝了乞丐讨要食物的请求,并建议他去其他人家里碰碰运气。面对主人的拒绝,乞丐没有气馁。他直视着这户人家的主人,乞求道:"好心人,我就像掉到冰窖里一样全身冷得发抖。求求你让我进入你

反惯性思维

的厨房取暖,否则我一定会被冻死的,你也知道这鬼天气风雨交加,我根本受不了。"

看到乞丐这么卑微,而且只提出了这样小小的要求,主人无法再拒绝,只好把乞丐带到厨房里。他对乞丐说:"你只能待在厨房里,不能去其他地方。否则,我就不能继续收留你了。"乞丐毫不迟疑地点点头,接受了主人的要求。

正当主人要离开,乞丐突然请求道:"好心人,我能借用你的锅和少量的柴火,煮点儿热汤取暖吗?"主人纳闷地看着乞丐,问道:"你没有其他的食物,如何煮汤呢?"乞丐再次请求主人发发善心,主人只好答应了,拿出一口锅给乞丐,又抱来了一捆柴火。

乞丐很快就点燃了柴火,开始烧锅。他放了半锅水,又用颤抖的手从口袋里掏出几片皱巴巴的青菜叶。就这样,飘着几片青菜叶的水渐渐热了。主人难以置信地看着乞丐,问道:"这就是你说的热汤吗?"乞丐回答道:"是的,好心人。我一无所有,已经好几天没吃饱肚子了,能喝点儿热汤,就是最大的幸福。"

乞丐话音刚落,主人就拿来了一些盐放入汤里,说:"你如果一直忍饥挨饿,就需要补充一些盐分,身上才有力气。"乞丐接连向主人道谢,主人看着漂在水面上的青菜叶，又送给乞丐一些青菜。就这样，汤里的青菜变多了。乞丐自言自语地说："啊，这是一锅美味的汤。"听到乞丐满足的话语，主人更加于心不忍，又拿出一块面包送给乞丐。乞丐感动得热泪盈眶，主人最终把家里吃剩下的晚餐都送给了乞丐。就这样，乞丐以取暖作为借口进入了厨房，最终吃到了一顿美味的晚餐。可想而知，如果乞丐一开始就说自己要进入厨房饱餐一顿，主人必然会拒绝。

聪明的乞丐之所以能够成功乞讨，是因为他没有立即向主人讨要饭菜，而只是想要借用主人的厨房取暖。对战争时期的普通家庭而言，的确没有多余的食物给乞丐吃，而乞丐这种的突破常规做法就有良好的作用。在顺利地进入厨房之后，乞丐也没有急于乞讨，而是先向主人借用锅灶，再以几片青菜叶唤起了主人的怜悯之心，最终乞讨到了一顿晚餐。

在世界上，因循守旧的人很多，坚持创新、敢于创新的人却少之又少。这是因为很多人都遵从惯性依赖周围的人，而不愿意凭着自己的真本领走向独立，更不愿意打破现有的安逸生活模式，创造独属于自己的精彩生活。正因为如此，企业要想找到具有创新意识，能够打破常规思维的人很难，同时又有很多因循守旧的人抱怨找不到合适的工作。其实，

◯ 反惯性思维

守旧的人缺少的不是硬件条件，而是没有端正心态，没有认识到独立的重要性。如果他们能够及时地突破常规，如果能够彻底摆脱安逸的惯性，很多人就会由衷地感慨：原来我比自己想象中更厉害，原来我能做好这么多事情。当下，就是改变的最好时刻！

学会拒绝

现实生活中，有些人潇洒不羁，我行我素，从来不会考虑他人对自己的看法，更不会在意他人对自己的评价。他们特立独行，仿佛是天外来客一样给人留下深刻的印象，偶尔也会招致他人的非议。和这样的人完全不同，还有一些人总是过度在意他人的看法，每时每刻都活在他人的眼光里，生怕会给他人留下糟糕的印象，所以他们总是胆战心惊地面对周围的人，即使有人对他们提出不合理的要求，或者让他们感到为难，他们也不好意思拒绝。就这样，他们毫无底线地步步退让，最终失去了自己的原则，虽然竭尽所能为他人做了很多事情，却没有得到他人真心的感谢。更为糟糕的是，他们在这个过程中受尽委屈，功劳是别人的，错误却要自己扛着。即便如此，他们也没有经营好人际关系，只是成为被人利用的对象。认清真相之后，"老好人"一定要改变自己为人处世的方式，不要因为无关紧要的人而委屈了自己，更不要因为害怕被他人指责就无限度退让。尤其是在职场上，很多老好人变成了

○ 反惯性思维

别有用心者的廉价劳动力，哪怕帮助别人干活，也无法获得他人的认可和好评。与其如此，还不如做真实的自己，不要再委屈和压抑自己。

在人际交往中，拒绝是一种必须具备的能力。如果一个人不懂得拒绝他人，不懂得维护自己的合法权益，他在人际关系的天平上就会处于不平等的位置，时时被对方占据主导，必须遵从对方的意愿。遗憾的是，这样的让步往往不能得到对方的尊重和认可，反而会令对方变本加厉。其实，从建立长久人际关系的角度看，人与人相处应该是界限明确的，这样双方才会知道怎么做才不至于让对方为难。某种意义上，建立和维护人际关系就像是玩一个新游戏，所有参与游戏的人都要知道游戏规则，也要相约共同遵守游戏规则。唯有如此，游戏才能顺利地进行下去，参与游戏的人也不会因为受到不公正的对待而心生芥蒂。

拒绝也是明确交往界限的一种方式。举个简单的例子，在职场上，每个人都有自己的分内工作需要完成。通常，老板交代的工作足以让我们充实度过每一天。在这种情况下，如果被要求义务帮忙，就要看对方到底是因为什么特殊情况需要帮忙。对那些忙着去约会的人，我们无须好心泛滥；对那些的确有紧急情况需要处理的人，即使对方没有开口寻求帮助，我们也可以主动帮忙，这就是不同情况区别对待。对前者，我们一定要学会拒绝。对方需要按时赴约，我们也需要早点儿回家陪伴孩子和妻子，或者陪伴父母。如果轻易地接受了对方的请求，对方将来就会为了获得更多的空余时间而提出更多不合理的要求。也许有人担心直截了当地拒绝会令对方丢面子，也会使自己与对方的关系濒临破裂。其实，这样的担心是完全没必要的。换个角度看，对方如果很珍惜与我们之间的情谊，就不会随便提出不合理的要求。对这样不懂得爱护我们的朋友，哪怕因为拒绝对方而导致关系破裂，也是不值得惋惜的。

人在职场，每天都有忙不完的工作。作为成年人，也有私人生活，有家人和朋友需要照顾。我们要学会合理地拒绝他人，既实现拒绝他人的目的，又维护了他人的面子，还不至于导致关系破裂。

首先，在拒绝他人时，要想出一个合理的理由。例如，对那些临到下班才要求帮忙的人，我们可以告诉对方自己需要去接孩子，或者和女朋友约好了去看望父母，或者要上线下课程，学习一些有趣的事情。切勿明明不想帮忙，也认为对方的情况不应该得到帮助，却还是要勉强自己帮助对方，这样就会导致自己的情绪很糟糕，若没有处理好工作，还有可能遭到对

● 反惯性思维

方的埋怨,可谓损失惨重。

经过多年的打拼,小马终于在北京买了一套属于自己的房子。他和妻子做梦都能笑醒,原本以为从此就要开始幸福的生活,却没想到烦心事接踵而至。先是父母听说他们搬了新家,要过来小住一些日子。双方父母轮流来住,小马一个月后才有机会和妻子一起享受新家。他们很喜欢住在自己房子里的踏实感,彼此之间的感情也更加深厚了。

没想到,清净的小日子才没过几天,小马的表哥听说小马买了房子,当即决定要带着妻子和两个孩子来旅游。表哥兴致勃勃地给小马打电话,说:"小马啊,恭喜你在北京有了自己的家。我和你表嫂计划带着两个孩子去北京旅游,宾馆那么贵,就住你家吧。"小马一听到这个消息立马慌了神,他先顾左右而言他,和表哥闲聊了几句,这才想出了一个合理的拒绝理由。他说:"表哥,不巧啊,我后天就要出差了。你也知道,我才结婚没多久,老婆依然是少女心,十指不沾阳春水,又不愿意做家务。我怕她招待不好你们,这样吧,你们来旅游,我给你们订好宾馆,费用我出,你看怎么样?"表哥接连拒绝,说:"弟妹不会做饭没关系,你表嫂会做饭,正好可以做饭给她吃。"小马转而说道:"表哥,咱哥俩就不要客气了，你就踏踏实实住在宾馆里，我的小金库绝对够用。"听到这里，表哥恍然大悟，原来小马准备用小金库招待他，也就知道了小马的妻子肯定不喜欢家里的亲戚川流不息。就这样，表哥取消了去北京旅游的计划，小马也就不为难了。后来，也许是表哥把这件事情告诉了其他亲戚，再也没有亲戚提出要去小马家里住了。小马终于可以松一口气了。

在这个事例中，小马想出的理由就是合情合理的，他还表示要动用自己的小金库，就相当于表明了自己的态度。很多在大城市打拼的年轻人都有这样的烦恼，一到寒暑假就有亲戚朋友要来旅游，主动提出要住在家里，这的确很不合适。

首先，必须从一开始就表明自己的态度，才能避免后患。

其次，拒绝的话要说得言辞恳切，尤其是要摆出真诚的态度。如果颐指气使地拒绝他人，必然会破坏彼此之间的关系。只有表明自己的为难之处，拒绝才更能被接受。

再次，拒绝的时候要贬低自己，抬高他人。人人都喜欢被戴高帽，我们在拒绝他人时不妨迎合他人的心理。

最后，在看出对方的念头后，可以先发制人表达出自己心有余而力不足。只有抢先说出自己的困境，对方才不好意思说出请求，如此也就不需要拒绝了，双方都能避免尴尬。

○ 反惯性思维

总之，拒绝是人际交往的艺术，也是语言表达的技巧。唯有合情合理地拒绝他人，才能让拒绝不伤和气，也才能维护自己的权益。合理的拒绝还有助于维持良好的人际关系，可谓一举数得。

授人以鱼不如授人以渔

古人云，授人以鱼不如授人以渔，这句话告诉我们，与其送鱼给他人吃，帮助他们解决一时的问题，不如教会他们捕鱼的方法，这样他们就可以自己捕鱼，一直都有鱼吃。相比起授人以鱼，授人以渔才是根本的解决办法。现实生活中，类似的事情有很多。例如，在孩子向父母请教问题的时候，父母直接把答案告诉孩子，那么孩子再次遇到这种难题时，会依然不知道应该如何解决难题。如果老师和父母能够更有耐心，把这道题目的解题思路讲给孩子听，引导孩子通过领悟自主找到解决问题的方法，那么孩子再次遇到类似的问题时，就能学以致用，举一反三。

其实，没有人愿意被动地接受答案，毕竟在漫长的人生旅途中，人人都有可能遇到层出不穷的难题，只有积极地寻求解决问题的方法，掌握解决问题的技巧，才能从根本上得到提升。有些人缺乏主见，面对各种问题压根不愿意独立思考，只想借用别人的方法解决问题，甚至索性把问题丢给别人。殊不

○ 反惯性思维

知,世界上没有任何人能够靠着模仿他人取得成功。在长期依赖他人的过程中,人会变得越来越胆怯,生怕自己提出的想法和见解是错误的,因而只能唯唯诺诺,而不敢发出独属于自己的声音。他们还很害怕犯错误,以为做得越多错得越多,所以就以不去尝试的方式减少犯错误的次数,降低犯错误的频率。其实,和无所作为相比,犯错误不可怕。因为通过反思错误,我们至少能够得到进步,总结经验。

每个人都应该是鲜活的生命个体,有自己的灵魂,有自己的思想,而不应该成为他人操纵的木偶,既没有灵魂,也没有主见。既然如此,我们就要有意识地培养和发展自己的独立思考能力,直接面对自己所处的困境,也要勇敢地挑战自己,突破自己。从现在开始,我们要改变此前生活的状态,积极地寻求改变。

作为职场上的新人,小朵才来公司没几天,就碰到了一个特别棘手的难题。因为缺乏处理问题的经验,此前也从未遇到过这样的情况,小朵很惊慌,压根没有解决问题的思路,更想不出任何可以解决问题的方法。思来想去,她只好求助主管。

小朵详细地向主管介绍了情况,诚恳地请教:"主管,对这样的情况,您认为我该怎么做呢?您有没有建议?"主管看着小朵，良久才问道："你有什么思路？"在主管的脸上，小朵看不出任何表情，她显然没想到主管会反问自己，把难题再踢给自己，因而只好羞愧地说："主管，我真的一点儿思路都没有，所以才来请教您的。请您帮帮我，哪怕给我一点儿提示也行啊。"主管继续面无表情地说："我没有什么建议给你。我以过来人的经验告诉你，凡事都要靠着自己摸索，而不要把希望寄托在他人身上。而且，我是主管，我的工作是在部门内运筹帷幄，而不是当你的私人秘书。"

在被主管一番批评之后，小朵只好去翻阅各种资料，查找相关情况。她花费了好几天才制订了解决方案，主管依然是一副面无表情的模样："这就是你的解决方案？我建议你再仔细想想，还有没有更好的方案。"这一刻，小朵简直眼里都要冒出火来。但是，既然要继续留在公司里，她就只能选择忍耐，继续优化方案，这一次，小朵提前想到了主管的态度，在优化方案之外，还准备了一个备选方案。当小朵拿着两个比较成熟的方案去找主管时，主管难得地露出了笑容，对小朵说："先不说方案如何，至少态度是合格了。对待工作，就要有这种刻苦钻研的精神，否则一遇到问题就找上司，那还要你们做什么呢？"小朵理解了主管的苦心，也积极地采纳了主管提出的修改意见，最终完美地解决了问题。

○ 反惯性思维

在家庭教育中，父母扮演的角色不是全权代替孩子做一切事情，而是要引导孩子主动做好力所能及的事情；在学校教育中，老师扮演的角色不是填鸭式地向孩子灌输知识，而是教会孩子如何自主地学习知识，运用知识；在职场上，我们更是需要发挥自觉性和主动性坚持学习，否则就会被各种突然出现的难题困扰。在上述事例中，主管看似冷漠，不愿意帮助小朵，实际上是想督促小朵主动想办法解决问题，在努力的过程中获得成长。

对每个人而言，可以依靠的只有自己。既然如此，不管面对怎样的困境，都不要试图依靠他人。毋庸置疑的是，我们在很多情况下的确需要从他人那里得到助力，但这与完全依赖他人是不同的。俗话说，自助者，天助之，就是告诉我们每个人都必须奋发图强，才能凭着努力得到更多的机会，也得到更多的贵人相助。

不管面对怎样的问题，我们都要坚持独立思考。尽管独立思考的结果未必是正确的，但是思考过程会使我们成长、进步。从现在开始，我们就要努力争取成为优秀的"渔夫"，真正走向自立自强。

思维也需要独立

现代社会中,啃老族为数不少。很多人一边侃侃而谈应该独立自强,一边心安理得地接受父母的帮助。年迈的父母不但要支援孩子的钱财,在有了孙子之后,还要出力带孙子。和堂而皇之的啃老不同,陪伴式的啃老更隐晦。子女打着陪伴老人的旗号,和老人一起生活,却让老人出钱出力。实际上,啃老也是一种惯性。子女在惯性的作用下离不开父母;父母在惯性的作用下继续庇护孩子。这使得子女哪怕每天都以自立为口号,却依然心安理得地接受父母的无私帮助。为此,有人调侃年迈的父母是子女的带薪保姆,不但为子女出钱,还为子女出力。每当子女遇到困境或者面临难关时,他们就会倾其所有,这使得子女自立成为遥不可及的目标,虽然无数次被提起,却始终不能得以践行。

在社会中,这种形式主义的独立是很常见的。很多父母已经习惯了掌控子女的生活,代替子女做出各种决策,也帮助子女进行各种选择。有的父母甚至还全权包办子女的一切事

○ 反惯性思维

宜。在这个意义上，不仅孩子存在依赖父母的惯性思维，父母同样存在全方位无微不至照顾孩子的惯性思维，这使得子女哪怕已经年满十八岁，也依然无法真正地走向独立，既不能独立思考，也不能独立采取行动。这样的依赖关系如果始终伴随着孩子，孩子就会对父母形成严重的依赖性。长此以往，孩子很难真正地走向成熟。有朝一日，父母老去，不能再细致入微地照顾孩子，孩子却依然需要父母，那么不管是孩子还是父母都会非常被动，无法从容地迎接未来。

举个简单的例子，每年都有很多高三学生要填报志愿。在填报志愿时，有些孩子虽然有喜欢的大学和感兴趣的专业，却因为父母、亲戚朋友和老师等人对他指手画脚，最终改变了主意，选择了大家认为有前途的大学和专业。其实，兴趣才是最好的老师，如果孩子不能发自内心地热爱自己即将就读的大学，也对自己报考的专业毫无兴趣，就很难发挥自主学习的能力，从各个方面提升自己。在走上社会之后，孩子也很难找到自己真心热爱的工作，每天都心不甘情不愿地应付工作，这种状态是极其糟糕的。面对关系到自己未来人生的大事，孩子一定要坚持自己的主见，让兴趣和热爱成为自己真正的动力来源。

正如人们常说的，梦想是要有的，面包也是要有的。如果能够兼得面包和梦想，无疑是最理想的人生状态。然而，千万不要为了面包就放弃梦想，否则面包也会食之无味。孩子为何会轻易改变主意呢？是因为他们不能坚持独立思考，存在严重的依赖惯性，所以失去了主观的判断力，很容易受到外部环境的影响。尤其是当有人刻意说服他们时，他们更是会失去主见，盲目从众。

要想改变这种情况，每个人都要认识到独立思考的重要性，也要认识到独立的思维是很难能可贵的。只要细心观察周围的人，我们就会发现，有些人在成长的过程中始终被填鸭式地灌注知识，而从不用心思考被动接受的知识是否重要；有些人在遇到问题时马上上网搜索关键词，或者打开书本查阅相关资料；有些人会不假思索地接受他人的论断，仿佛任何道理只要是从他人口中说出的，就是真理；有些人则抱着怀疑一切的态度，认真地思考从不同渠道获得的信息，甄别信息的真伪。毫无疑问，只有最后一种人才是真正求知若渴的人，也是真正追求和坚持真理的人。

能够坚持独立思考，才是自立的标志。一个人只有拥有独立自由的灵魂，才能缔造属于自己的独立自由的人生。牢笼也许能囚禁人的身体，却不能囚禁人的心灵，人的心灵在任何情况下都应该是自由的。从这个角度看，如果一个人的心灵受

○ 反惯性思维

到了禁锢，那么他也就彻底失去了属于自己的自由。

独立思考，并不等同于独断专行。独立思考的人会认真地分析问题，慎重地判断问题，最终形成独属于自己的思想和观点。在坚持思考的过程中，他们的思维会越来越有深度，认识也具有了一定的创新性。为此，他们的思维才会具有持久的活力，未来才会具有无限的可能性。

毋庸置疑，人人都希望自己成为与众不同的思考者，人人都希望自己能够出类拔萃，鹤立鸡群。可以说，这是所有人的梦想。遗憾的是，在现实生活中，大多数人都很难实现这个梦想，他们或者有意或者无意地被动接受各种信息，听从周围很多人的支配和调遣。受到所见所闻的影响，这些人对他人的言语不加任何怀疑，而着急地思考如何回应对方，这当然不是独立思考者的卓越表现。

很多情况下，眼见未必为实，耳听未必为虚。要想判断信息真伪，我们唯一可以采取的方法就是独立思考。只有先判断信息的真假，才能深入思考，从而渐渐形成独立思考的好习惯。具体而言，要做到以下几点。

首先，要有质疑的能力。质疑是人类的天性，正是因为具备质疑能力，远古人类才没有灭亡，而是采取各种措施改善生存的环境。面对任何结论，我们的第一反应都不应该是接受,而是当即想到这个结论是真的还是假的,是否成立。质疑会促使我们搜集和整理更多的信息,从而渐渐地形成独立的思想和意识。

其次,要有反思和判断的能力。在质疑的过程中,我们对自己搜集和整理信息的过程要进行反思,这样才能具备判断力。唯有进入问题的内部,透过现象看到问题的本质,才能获得有价值的信息。与别人加工好的信息相比,有价值的信息将会引导我们接近真相。

再次,要坚持独立寻求真相。很多成功者都是孤独的,他们不被大多数人理解,这是因为成功的道路上原本就少有同行者。在思考的过程中,我们有可能感到孤独,但没关系,只要距离真相越来越近,我们就会充满勇气。

最后,要有信心,相信自己。信心是获取成功必不可少的条件。每个成功者都有属于自己的成功之道,但是他们也有相同的特点,即始终对自己充满信心。正因为如此,他们才能百折不挠,越挫越勇,坚持到底,直至胜利。

第07章

突破常识禁锢，坚持辩证思考

常识可以帮助我们在第一时间作出反应，从而争取到更加充裕的时间思考和解决问题。然而，常识是有弊端的，它可能会禁锢思维，使我们无法坚持辩证思考，无法换一个崭新的角度看待问题，渐渐出现僵化趋势。只有突破常识禁锢，坚持辩证思考，我们才能寻求新的办法解决问题，并得到令人惊喜的结果。

非此即彼是陷阱

作为一种思维方式，非此即彼是极端的，也是常见的。在文化问题、种族问题和立场问题中，如果采取非此即彼的思维方式，就会产生矛盾和对立。要想避免这种情况的发生，就要有意识地避开非此即彼的陷阱，这样人与人之间、种族与种族之间、国家与国家之间的相处才会和谐融洽。

人们常说，关心则乱。这句话告诉我们，对那些和自己无关的事情，人们总是能够保持冷静和淡定。反之，如果那些事情与我们密切相关，我们就很难置身事外，更无法保持客观和公立，这使我们迫不及待地想要表明自己的立场，也会不合时宜地对他人的行为举止指手画脚，妄加评论。其实，在现实生活中，好与坏泾渭分明的事情少之又少。这意味着面对大多数事情，我们最好不要把责任归咎于其中一方，而是要看到任何事情的发生和发展都是很多因素综合作用的结果，而非单一因素导致的。既然如此，我们除了要坚持自己的立场，还要设身处地为他人着想，最好能够站在他人的角度和立场上分析和

反惯性思维

思考。

在某种意义上，我们也不能以好人或者坏人明确定义一个人。一个人既有可能是好人，也有可能是坏人；哪怕是好人，也有可能因为一时糊涂而做了错事；即使是坏人，也有可能因为动了恻隐之心而做了好事。我们要认识到，即使对同一件事物，因为观察的角度和每个人所处的立场不同，得到的结论也是不同的。

非此即彼虽然可以最大限度地简化思维，但思维却会因此失去复杂性和灵活性。人坚持非此即彼的思维，就会变得冲动和极端，而无法坚持理性思考。在这些人的世界里，任何问题都只有一个答案，那就是对或错。在他们眼中，事情的不同结果水火不容。打个比方，非此即彼的思维模式就像是一条单行道，在这条道路上，汽车只能依次通行，不能超越其他汽车，也不能与其他汽车相向而行。也像是单项选择题，选项是唯一的。然而，从现实的角度看，不可能所有的道路都是单行道，也不可能所有的选择题都是单项选择。既然人心是复杂的，事情的发展趋势也会呈现出多样化的特点，所以要灵活思考，也要随机应变地解决问题。

在职场上，很多人都陷入了非此即彼的思维模式，使得思维进入极端的状态，也使自己深受伤害。在开放包容的争辩环境中，他们无法接纳与自己的观点不一致的想法和提议，对那些与自己意见不同的同事，他们更是怀着敌视和抗拒的态度。这么做的结果往往是讨论不欢而散，甚至与同事交恶。如果领导的思维模式是非此即彼的，那么他们一定会表现出独断专行的特点；如果下属的思维模式是非此即彼的，那么他们就会不愿意接受其他人的合理化建议，使得与人合作变得尤为艰难。

作为现代职场人，一定要认识到合作的重要性，也要把自己当作一滴水融入大海，将个人的力量汇聚成集体的力量。一个人即使能力再强，也不可能只靠着自己就获得成功。俗话说，一根筷子被折断，十根筷子抱成团，就是这个道理。非此即彼的想法还会使人变得不合群，无法顺利地融入团队之中，失去团队归属感。如果团队成员总是表现得特立独行，强求他人接受自己的观点，或者是不讲方式方法地说服他人，长此以往必然招致其他团队成员的反感，也会受到排挤和打压。当自己成为团队里最后一个知道消息的人，成为团队里不受任何人欢迎的人，成为团队里的孤家寡人，就无法继续留在团队里了。

改变非此即彼的想法，除了要以宽容的心态接纳他人的不同意见和观点，还要控制住自己不要胡思乱想。有些人特别

○ 反惯性思维

敏感，总是怀疑有人在背后议论或者指责自己，有时候别人无心地说了一句话，他们也草木皆兵，认为别人是故意针对自己。在人际相处中，对他人，我们要有最基本的信任和尊重；对自己，我们也要有信心，不要把自己想得那么不堪，也不要认为自己难逃遭人非议的命运。退一步而言，即使真的有人对我们发表评价，也是完全正常的人际交往现象。俗话说，谁人背后无人说，谁人背后不说人。这句俗语告诉我们，每个人都生活在人类的群体中，必然会因为自身的言行举止而招惹他人的议论。对此，我们要怀着平常心。

总之，世界是多元化的，我们作为独一无二的生命个体，要积极地接受多元化的世界，也接受身边不同的人和事。

第07章　突破常识禁锢，坚持辩证思考

做事要学会随机应变

世界上的万事万物之间都有着千丝万缕的联系，这些联系或显而易见，或隐藏不见，使得万事万物密切相通，彼此影响。万物相通，正是辩证思维的基础。思维把人类生活的方方面面都联系并贯穿起来，使人们采取特定的方式处理各种事情。在思考的过程中，我们越来越深入地了解世界，也感受到自己作为生命个体与世界之间错综复杂、瞬息万变的关系。

现代社会中，很多人对自己的生活都感到不满意，这是因为他们已经在一成不变的环境中生活了很长时间，每天都在以相同的节奏做着相同的事情，日子久了难免会感到疲惫和辛苦。在惯性思维的强大作用下，我们不假思索地维持日常生活，对环境中即将发生的各种变化麻木而漠视。因为忽视了周围事物的改变，很多人都会沿用固有的思维模式思考和分析问题。殊不知，如果不能做到积极主动地调整方向，改变思路，而是墨守成规，常识和经验就会限制和禁锢我们。很多人都读过《刻舟求剑》的故事，就应该知道当外部环境处于变化

○ 反惯性思维

之中时，唯有跟随环境变化，才能顺势而为。就像故事中的人，明明是在江心掉了剑，却等到了岸边才去打捞，当然不可能找到丢失的剑。这就是固守事情原本的状态，漠视环境变化导致的结果。不管是做人还是做事，都要与时俱进，才能适应环境的变化，紧跟时代的脚步。

18世纪末期，很多人的家园被战火焚烧了，人们流离失所，举家逃亡。约翰带着全家人四处逃命，辗转来到了华盛顿，投宿在一家旅馆里。原本，他以为暂时安全了，却看到旅馆里的环境非常脏、乱、差，不但家具破破烂烂的，就连洗澡都只能用冷水。一路奔波劳累、身心俱疲的约翰失望极了，不由得瘫坐在地上。他沉默片刻，转念一想："虽然条件很艰苦，但也比被战火困扰，比随时都有可能失去生命来得好。"这么想着，他灵光一闪，冒出了一个念头，他不假思索地脱口而出："既然这里的旅馆这么糟糕，我们何不自己开一家旅馆呢？不但可以改善全家的生活环境，还能给和我们一样流离失所的人提供暂时的安身之所。"听到约翰的话，全家人都惊讶极了。约翰主意已定，很快就开始着手准备开旅馆的相关事宜。

一切正如约翰所预料的那样，新旅馆开业之后，生意非常火爆，每天都有顾客。因为前期资金紧张，约翰并没有把旅馆装修得富丽堂皇，他相信那些逃难的人不会那么计较旅馆的装修，而只想有一个安安稳稳的地方能踏踏实实地睡一觉。很快，约翰就积攒了第一桶金。后来，战争终于结束了，约翰意识到仅靠着这样破旧的旅馆很难赚钱，当即投入了一大笔资金，把旅馆修缮一新。战后经济复苏，虽然流民少了，入住的人却依然很多。就这样，约翰把旅馆经营得越来越好，还开起了连锁店呢！

同样是置身于战争之中，面对条件简陋的旅馆，约翰最初虽然感到失望，但马上改变了单向思维，从破旧的旅馆中看到了生机和希望。他以战争中人民流离失所的困境作为契机，只投入了很少的钱就开了一家条件普通的旅馆。在这个过程中，他一直在积累资金，战争结束后，又用积累的资金装修旅馆，使旅馆符合和平年代人们对旅馆的要求和期望。如此，旅馆才能顺利地得以发展和生存。

即使面对相同的境遇，不同的人也会给出不同的反应。有的人从绝境中看到了希望和生机，有些人从绝境中感受到了压抑和窒息，这样的不同是因为人们的心态和思想不同。由此可见，我们必须调整自己的心态，改变自己的思路，才能从容

○ 反惯性思维

坦然地面对一切境遇。

　　对人生中的得和失，我们也要用辩证的眼光看待，并运用辩证的思维思考。面对人生的坎坷与挫折，很多人都采取单向的思维方式，长久地困于负面情绪之中无法自拔，使自己意志消沉，悲观绝望。如果能够换一个角度看待问题，在绝境之中寻找生机，说不定就能彻底地扭转局面，改变命运呢！

　　通常情况下，单向思考会带来经验障碍和常识障碍，使人凭着经验和常识，完全不思考，条件反射般地做出反应；单向思考还会带来时效障碍，使人无视外部环境的变化和事情本身的动态发展，就像《刻舟求剑》中的人，在岸边下水寻找在江心掉落的宝剑；单向思考会带来程序障碍，使人遵照固有的流程解决问题，用教条主义应对所有的情况，因而陷入僵局之中。唯有运用辩证思考，才能打破上述的思考障碍，也才能关注到问题的正反方面，进行全面深入的思考，最终得出客观的结论。由此一来，我们就能改变传统的思维模式，让思维不再非此即彼，不再非黑即白，从而将掌握的知识活学活用，学以致用。

第07章 突破常识禁锢，坚持辩证思考

多想想，就会发现破绽

现代社会，自媒体达到了空前繁荣的发展程度，在网络上，每个人都享受着前所未有的自由，人们借助网络平台发表自己的观点，也借助网络的及时性传播各种观点。曾经，只有电视、报纸等传统媒体才能作为信息的传播媒介，但现在每个人都可以打造属于自己的自媒体平台，成就自己的事业。可以说，自媒体的发展完全超出了人们的预期，也改善了人们的生活模式。然而，正是因为网络与现实的不同，很多人也肆无忌惮地在网络上传播不实消息，在网络上招摇撞骗。这些人之所以这么做，是因为飞速传播的信息给他们带来了很多利润。作为网络上的游客，我们不得不想尽办法剔除不实信息，找出虚假信息。

一篇文章揭露了某则成功吸引流量的短视频的真相。在短视频里，两个人正在掏泥鳅。其中一个人把手伸入泥鳅洞里，感觉泥鳅要逃跑，表现出特别惊慌的样子。一波三折之后，他终于抓住了泥鳅。这么一个简单的生活场景，却吸引了

○ 反惯性思维

众多观众的眼球，点击量很高，点赞也有很多。文章详细地介绍了摆拍这个短视频的过程。原来，所谓在稻田里抓泥鳅，只是在一张桌子上堆积出一个黄泥洞，一个人握着泥鳅等在洞口的背面，等着主要的表演者——那只手表演结束，再把泥鳅交到那只手里。为了逼真，拍摄视频的人还在泥洞的上方插入了一小撮秧苗。

从小在农村长大的人，很容易就会发现这则短视频的漏洞。但是，在城市里长大的人却很容易被骗。一则是因为缺乏生活经验，二则是因为不愿意甄别视频的真伪。如今，很多在大城市生活的人都特别向往田园生活，正因为如此，他们才会热衷于观看这种具有田园特色的短视频，导致许多为了谋利的短视频博主特意造假、摆拍。其实，真的假不了，假的真不了。观看短视频的人，只需要多多动动脑子，就会发现视频的漏洞；只要认真想一想，就会找出视频的破绽。

在网络上，那些以获取流量为目标的短视频博主，最重要的目的就是蒙骗广大网友的眼睛，获得流量，再把流量变现。也许有网友认为，既然他们愿意不辞劳苦地拍摄，那么就看呗，又不会损失什么。的确，如果只是漫不经心地浏览，我们是没有任何损失。但是，如果我们被那些虚假视频或者网络信息欺骗，形成错误的认知，就会导致我们面对类似的情况时

第07章 突破常识禁锢，坚持辩证思考

做出错误的判断，如此一来，可就损失惨重了。

在某种意义上，我们之所以上当受骗，根源不在于虚假视频的信息逻辑严密，而在于我们自身理性思辨的能力还不够强。我们受到常识的影响，先入为主地给出了直接反应，被情绪化的惯性驱使，因而选择了错误的思维方向。现代社会中，人人都承受着巨大的压力，在紧张忙碌的生活中疲于奔波，与此同时如果还需要花费时间和精力甄别信息，则会更加有心无力。网络时代使现代人都表现出一个明显的特征，即明明通过网络获取了很多信息，可判断力却处于相对低下的水平。为了避免这种情况发生，我们就要尽量不作出情绪化的判断，也要尽力摆脱习惯性的思维。

人类思维的弱点之一，就是轻率下定论。在判别事物的过程中，我们总是站在自己的主观立场上，不假思索地调用那些已经被证明有效的生活常识，而没有认真地思考这些常识对当下的情况是否适应。很多人都会在无意识的状态下受到心理暗示，这些暗示起到的作用是我们无法控制的。要想避免发生负面作用，就要在接触信息时进行筛选和判断，从而在源头上掐断负面作用产生的可能。

总之，不管遇到什么事情，我们都要多想想。因为只有独立思考，才能做出属于自己的判断，也才能得出属于自己的结论。

○ 反惯性思维

认真倾听反对者的观点

俗话说，忠言逆耳，良药苦口。虽然人人都懂这个道理，可依然喜欢被认可、被赞美，不喜欢被反对、被驳斥。正是出于这样的想法，大多数人在听到反对者的意见时，会本能地摆出闭目塞听的姿态，仿佛堵塞了自己心灵的通道就能回避不想面对的事实。不得不说，这与掩耳盗铃没什么区别。如果一个人总是表现出这样的姿态，煞费苦心说出真话和建议的人就会受打击，渐渐失去积极性，也就不愿意再说些什么了。

一个明智的人，一个理性的人，一个谦虚的人，不管在什么时候，都会诚恳地倾听反对者的意见，也会认真地思考反对者陈述的理由。唯有带着自我反省的精神，我们才能意识到错误，并积极地改进自己的不足之处，促使自己获得成长和进步。

只有真正的聪明人才会拥有宽容这件奢侈品。所谓宽容，指的是既能够接受那些与自己相近的观点和事物，也能够接受那些与自己背道而驰的观点和事物。遗憾的是，尽管很多人都懂得这个道理,但真正能够做到并且亲身践行的却少之又少。

现实生活中,几乎所有人都喜欢听顺耳的好话。不管做什么事情,每个人都迫切地渴望得到他人的理解和支持,一旦听到不同的声音或是反对意见,就会很沮丧,甚至立马进入攻击状态,调动全身的力量进行反驳。这是因为我们都有先入为主的观点,即认为在成功的道路上,是那些反对的声音阻碍了我们,也就理所当然地把反对者视为敌人,怀着敌对的态度。在本质上,反对的确会产生阻力。在家庭生活中,反对的声音使我们不敢大胆地去做某件事情;在会议室里,反对的声音更是令兴致勃勃的提出者难以容忍。然而,一味地逃避或者不由分说地反驳并不能真正解决问题,对方既然能够提出反对意见,就意味着他们是有理由的。只有认真倾听他们阐述的理由,我们才能借此机会反思自己的观点是否真的正确。对那些中肯的建议,我们可以积极地采纳,如果认为是不合理的,也是不可取的,则可以一笑置之。不管怎么做,都要认真倾听和思考对方的理由,否则很有可能错过自己唯一拥有的改过和完善的机会。

从前,有个小国的使者向国王进贡,他对国王说:"陛

● 反惯性思维

下,这三个小金人可不是普通的小金人,它们看起来一模一样,其实是不相同的。其中,有个小金人价值不菲,您知道是哪个吗?"国王仔细地观察小金人,但没有什么发现。为此,他召集大臣,让大臣们一起找答案。

在朝堂上,每个大臣都拿起小金人仔细地观察,但是,没有人知道答案。这个时候,有个老臣突然想到了,他命人拿来一根细细的稻草,尝试插入每个小金人的耳朵里。结果,一个小金人耳朵里的稻草从嘴巴里出来,一个小金人耳朵里的稻草从另一个耳朵里出来,还有一个小金人耳朵里的稻草消失不见了。这个大臣恍然大悟,说:"陛下,第三个小金人是无价之宝。"听到老臣的回答,国王赞不绝口。

第一个小金人是个大喇叭,是流言蜚语的传播者;第二个小金人左耳朵听右耳朵冒,根本记不住学习到的知识;第三个小金人是有肚量的,能够把听到的话记在心里,也能够接纳他人不同的意见和观点,这是非常难能可贵的。

善于听取不同的意见,采纳不同的建议,是做人的美德。很多人习惯单向思维,正是因为固执己见。如果能够经常听一听他人的不同见解,就能避免闭目塞听的情况,也能够养成耳听八方、虚心求教的好习惯。有些人非但不喜欢倾听他人反对的理由，还会把自己的话视为权威，强求别人顺从，强迫别人采纳自己的意见和建议。这样的人不管走到哪里都不招人喜欢。做人一定要谦虚低调，一定要从谏如流，这样才能突破自身局限，广采众家之长，变得越来越聪明，睿智达观。

参考文献

[1]任白.反惯性思维[M].天津：天津人民出版社，2017.

[2]孔朝蓬.惯性的反思：反现代意识与20世纪中国文学[M].长春：吉林大学出版社，2009.

[3]池宇峰.人的全景：弹簧人.思维体操与进步[M].北京：中译出版社，2023.